U0332540

绿色果蔬汁

饮食生活编委会◎编

吉林科学技术出版社

图书在版编目（CIP）数据

绿色果蔬汁 / 饮食生活编委会编. -- 长春 ： 吉林科学技术出版社， 2015.7
ISBN 978 7-5384-9512-6

Ⅰ. ①绿… Ⅱ. ①饮… Ⅲ. ①果汁饮料－制作②蔬菜－饮料－制作 Ⅳ. ①TS275.5

中国版本图书馆CIP数据核字(2015)第154987号

绿色果蔬汁

编　　　 饮食生活编委会
出 版 人　李 梁
选题策划　张伟泽
责任编辑　王　皓
封面设计　长春创意广告图文制作有限责任公司
制　　版　长春创意广告图文制作有限责任公司
开　　本　880mm×1230mm　1/32
字　　数　200千字
印　　张　7
印　　数　1—7 000册
版　　次　2015年8月第1版
印　　次　2015年8月第1次印刷
出　　版　吉林科学技术出版社
发　　行　吉林科学技术出版社
地　　址　长春市人民大街4646号
邮　　编　130021
发行部电话/传真　0431-85635176　85651759
　　　　　　　　　　　　85651628　85635177
储运部电话　0431-86059116
编辑部电话　0431-85659498
网　　址　www.jlstp.net
印　　刷　吉林省吉广国际广告股份有限公司
书　　号　ISBN 978-7-5384-9512-6
定　　价　19.90元
如有印装质量问题可寄出版社调换

前言

　　幸福是什么滋味？就好似品尝一道精致的菜品，每位品尝者的感受都不尽相同。一道菜的口味如何，不仅要从色、香、味三方面来考量，更取决于这道菜所承载着的心情和感受。家常菜，重要的不是其味道的平凡与朴实，而在于蕴含其中浓浓的温情与关怀。

　　吃一口精心烹制的菜品，舀一勺尽心煲出的鲜汤，闭上眼睛感受那股浓郁的鲜香在口中蔓延，幸福也在心中开了花。与其说一日三餐是人们补给身体的能量，不如将每餐的菜品看作一份心情的呈现。

　　每当我们为亲人、朋友烹制菜肴时，加一点爱心，再添一份精心，融合成散发着幸福味道的美味佳肴，盛装在精美的器皿中，对自己，对家人，无不是一种幸福的享受。

　　本系列图书分为《人气炒菜》《精选家常菜》《滋养汤羹》《麻辣川湘菜》《家常素食》《美味西餐》《简易家庭烘焙》《秘制凉菜》和《绿色果蔬汁》九本，从生活中饮食的方方面面满足读者的需求，版式清新，图片精美，讲解细致，操作简易，相信会给读者的幸福生活添姿加彩！

目录 contents

P56 P62 P59

目录 contents

P76 P82

P132

P128

目录 contents

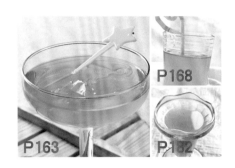

P168

P163

P1?2

第一章

缤纷鲜果汁

养气苹果汁

原料
苹果1个
樱桃30克
柠檬1/2个

调料
蜂蜜1大匙

做法

1. 将苹果洗净，削去外皮，切成两半，去掉果核，再切成小块。

2. 将樱桃去蒂，洗净，去掉果核，取出樱桃果肉；柠檬去皮及果核，取出柠檬果肉。

3. 将苹果块、樱桃果肉、柠檬果肉放入果汁机中，用中速搅打均匀成果汁。

4. 取出搅打好的果汁，倒入杯中，加入蜂蜜调匀即可。

功效

苹果不仅可以调节肠胃功能，还能降低胆固醇，降血压，防癌，减肥。

酸、甜 ⓘ15分钟

苹果蛋花酒饮

原料

苹果1/2个
鸡蛋1个
甜酒250毫升

调料

盐少许
白糖2大匙

做法

1. 将苹果洗净，削去外皮，去掉果核，切成小块，用淡盐水浸泡10分钟。

2. 鸡蛋磕入碗中成鸡蛋液；将苹果块取出，沥水，放入果汁机内。

3. 先加入鸡蛋液，再放入白糖，倒入甜酒，用中速搅打均匀成果汁，取出。

4. 把果汁放入不锈钢小锅内，置火上加热3分钟，离火，装杯即可饮用。

第一章 缤纷鲜果汁

15

芦荟苹果汁

原料
苹果1个（约200克）
芦荟50克

调料
冰块适量
矿泉水适量

做法

1. 将苹果洗净，擦净水分，削去外皮，去掉果核，切成小块。

2. 将芦荟洗净，削去外皮，取芦荟果肉，放入沸水锅内焯烫一下，捞出，切成小丁。

3. 将苹果块、芦荟丁放入果汁机中，加入矿泉水搅打均匀成果汁。

4. 取出搅打好的果汁，倒入杯中，加入冰块调匀即可饮用。

功效

芦荟所含液汁可以入药，有催泻、健胃、通经等作用。适量地饮用芦荟汁，能减轻腹部的负担，解除便秘的困扰。

甜 ⏱15分钟

玉米苹果汁

原料

苹果1个

罐装玉米粒100克

调料

鲜奶100克

糖油50克

冰块适量

做法

1. 将苹果洗净，削去外皮，切成两半，再去掉果核，切成小块；取出罐装玉米粒，放入沸水锅内焯烫一下，捞出过凉，沥水。

2. 将苹果块、玉米粒放入果汁机内，加入鲜奶、糖油搅打成果汁，取出，倒入杯中，再加入冰块调匀即可。

第一章 缤纷鲜果汁

甜、辣 ⓘ15分钟

姜味苹果汁

原料

苹果2个

橙子2个

调料

鲜姜25克

蜂蜜2大匙

冰块适量

做法

1. 将鲜姜削去外皮，洗净，切成大片；苹果洗净，去除果皮、果核，切成小块；橙子洗净，切成小瓣，去掉外皮及果核，去掉白色筋膜，取出橙子的果肉备用。

2. 将苹果块、橙子果肉、姜片、蜂蜜一同放入果汁机中，用中速搅打成果汁，倒入杯中，再加入冰块调匀即可。

草莓苹果汁

原料

苹果200克
草莓100克

调料

盐少许
糖浆2大匙
冰块适量
矿泉水适量

做法

1. 将苹果洗净，去皮及果核，切成小块；草莓去蒂，放入盆内，用淡盐水浸泡10分钟，取出，再换清水洗净。

2. 把苹果块、草莓放入果汁机中，加入矿泉水搅打均匀成果汁。

3. 将果汁倒入杯中，加入糖浆、冰块调匀即可。

功效

草莓对皮肤、头发均有保健作用。但草莓中含有的草酸钙较多，尿路结石病人不宜食用过多。

甜 ⏱20分钟

苹果菠菜汁

原料

苹果150克

菠菜100克

西芹75克

调料

盐少许

蜂蜜3大匙

做法

1. 将苹果洗净，削去外皮，切成两半，去掉果核，切成小块。

2. 将菠菜去根和老叶，用淡盐水洗净，沥水，切成小段；西芹择洗干净，切成小段。

3. 将苹果块、菠菜段、西芹段放入果汁机中，中速搅打成果汁。

4. 把打好的果汁取出，先加上蜂蜜调匀，再倒入杯中即可。

功效

　　菠菜富的B族维生素含量使其能够防止口角炎、夜盲症，具有抗衰老、促进细胞增值作用。

◎甜 ⏱20分钟

三叶草苹果汁

原料
苹果1个
三叶草1棵
紫苏叶少许

调料
蜂蜜2大匙
矿泉水适量

做法

1. 将苹果洗净，削去外皮，切成两半，去掉果核，切成小块。

2. 将三叶草用清水浸泡并洗净，沥水，切成段；紫苏叶洗净，切碎。

3. 将苹果块、三叶草段、紫苏叶碎放入果汁机中，倒入矿泉水。

4. 中速搅打成果汁，取出，加入蜂蜜调匀，再到入玻璃杯中即可。

功效

　　苹果里有大量的钾，可以减轻关节炎、风湿症状.也可以清洁肝、肾，还是低热量饮品。

甜 ⏱20分钟

苹果蜜汁

原料

苹果1个

芹菜一棵

芦荟一根

调料

蜂蜜1小匙

冰块适量

矿泉水适量

做法

1. 将苹果洗净，削去外皮，切成两半，去掉果核，再切成小块。

2. 将芹菜择洗干净，切成小段;芦荟洗净，去皮，切块备用。

3. 将苹果块、芹菜段、芦荟块放入果汁机中，加入矿泉水搅打均匀。

4. 再倒入杯中，加入蜂蜜、冰块调匀.即可饮用。

功效

　　蜂蜜苹果汁是一种能促使肝细胞再生，增强对疾病的抵抗力，有良好保健作用的饮料。

◎甜 ⏱20分钟

苹果瘦身果汁

原料

苹果2个

白梨1个

柠檬1/2个

调料

白糖2大匙

做法

1. 将苹果洗净，削去外皮，切开成两半，去掉果核，再切成小块。

2. 白梨去蒂，洗净，削去外皮，去掉果核，切成小块；柠檬切成圆片。

3. 将苹果块、白梨块、柠檬片（留1片）放入果汁机中。

4. 再加入白糖搅打成果汁，然后倒入杯中，插上1片柠檬片即可。

功效

柠檬可以达到美白、嫩肤的功效。苹果还能防癌，预防铅中毒。所以搭配在一起效果更佳。

酸、甜 ⏱15分钟

胡萝卜西瓜汁

原料

西瓜200克

胡萝卜150克

调料

白糖2小匙

蜂蜜1大匙

柠檬汁1小匙

冰块适量

做法

1. 将西瓜挖出果肉，去掉西瓜子，切成小块；胡萝卜去根，洗净，沥水，削去外皮.切成小块。

2. 将西瓜块、胡萝卜块、白糖放入果汁机中搅打成果汁。

3. 取出倒入杯中，加入蜂蜜、柠檬汁、冰块调匀即可。

甜 ⏱10分钟

西瓜香梨汁

原料

西瓜300克

香梨150克

调料

冰块适量

做法

1. 将西瓜挖出果肉，去掉西瓜子，再切成小块。

2. 把香梨去蒂，洗净，削去外皮，切开成两半，去掉果核，切成块。

3. 将西瓜块、香梨块放入果汁机中，加入少许冰块，用中速搅打成果汁。

4. 把搅打好的果汁倒入玻璃杯中，加入剩余的冰块调匀，即可饮用。

第一章 缤纷鲜果汁

25

甜 ⏱10分钟

西瓜橙汁

原料

西瓜300克

橙子1个

调料

冰块适量

做法

1. 将西瓜挖出果肉，去掉西瓜子，再切成小块。

2. 橙子洗净，切成小瓣，去掉外皮及果核，去掉白色筋膜，取出橙子的果肉备用。

3. 将西瓜块、橙子果肉放入果汁机中，用中速搅打成果汁。

4. 取出倒入杯中，加入.冰块调匀，即可饮用。

双瓜山楂饮

原料

西瓜200克
黄瓜150克
山楂100克

调料

白糖2大匙

做法

1. 将西瓜挖出果肉，去掉西瓜子，再切成小块；山楂去蒂，用清水洗净，沥水，切成两半，去掉果核。

2. 把黄瓜去根，削去外皮，用清水清洗干净，切成小块。

3. 将西瓜块、黄瓜块、山楂和白糖全部放入果汁机中。

4. 用中速搅打均匀成果汁，取出，倒在杯中，即可饮用。

酸、甜 20分钟

第一章 缤纷鲜果汁

蓝莓西瓜汁

原料

西瓜150克
猕猴桃1个
蓝莓50克

调料

盐少许
蜂蜜1大匙
矿泉水适量

做法

1. 将西瓜挖出果肉，去掉西瓜子，再切成小块。

2. 蓝莓去蒂，放入淡盐水中浸泡片刻并洗净，取出，沥干水分；将猕猴桃洗净，剥去外皮，切成小块。

3. 将西瓜块、猕猴桃块、蓝莓放入果汁机中，加入矿泉水、蜂蜜调匀，再搅打均匀成果汁，倒入杯中，即可饮用。

功效

蓝莓具有良好的营养保健作用，可防止脑神经老化、有强心、抗癌软化血管、增强人机体免疫等功能。

◎酸、甜 ◯10分钟

西瓜柠檬汁

原料

西瓜150克
白萝卜100克

调料

柠檬汁2大匙
蜂蜜1大匙
白糖少许
矿泉水适量

做法

1. 将西瓜挖出果肉，去掉西瓜子，再切成小块；白萝卜去根，洗净，削去外皮，切成大块。

2. 将西瓜块、白萝卜块放入果汁机中，加入矿泉水搅打均匀。

3. 取出，倒在杯中，再加上柠檬汁、蜂蜜和白糖调匀，即可饮用。

功效

　　柠檬是有促进胃中蛋白分解酶的分泌，增加胃肠蠕动，帮助食物消化的功效。

○酸、甜 ○15分钟

第一章 缤纷鲜果汁

营养冰沙

原料

橙子2个

葡萄柚1个

柠檬1/2个

调料

矿泉水适量

冰块适量

做法

1. 将橙子洗净，切成小瓣，去掉外皮即果核，去掉白色筋膜，取出橙子的果肉备用。

2. 将葡萄柚、柠檬分别洗净，剥去外皮，切成小瓣，再去果核，取出果肉备用。

3. 将橙子果肉、葡萄柚果肉、柠檬果肉放入果汁机中，加入矿泉水搅打均匀。

4. 取出后倒入杯中，加入冰块，调匀即可饮用。

功效

　　葡萄柚的果肉含有丰富的维生素C、维生素E、维生素P及叶酸、水溶性纤维，有控油、收缩毛孔及清爽的效果。

酸、甜 ⏱10分钟

香蕉柳橙汁

原料

橙子2个
香蕉1根

调料

蜂蜜1大匙
冰块适量
矿泉水适量

做法

1.将橙子洗净，擦净水分，切成小瓣，去掉外皮及果核，去掉白色筋膜取出橙子果肉备用。

2.将香蕉剥去外皮，切成小块。

3.将橙子果肉、香蕉块放入果汁机中，加入矿泉水搅打均匀成果汁。

4.取出后倒入杯中，加上冰块、蜂蜜调匀即可。

功效

　　香蕉主要功效是清肠胃，治便秘，并有清热润肺、止烦渴、填精髓、解酒毒等功效。

酸、甜 ⏱15分钟

菠萝橙汁

原料

橙子1个
西红柿1个
菠萝2大片
西芹1/2棵
柠檬1/3个

调料

蜂蜜2大匙

做法

1. 将橙子洗净，切成小瓣，去掉外皮及果核，去掉白色筋膜，取出橙子的果肉备用。

2. 西红柿去蒂，洗净，切成块；柠檬洗净，切成小瓣，去果皮及子；西芹去根，洗净，沥水，切成小段。

3. 将橙子果肉、西红柿块、菠萝片、西芹段、柠檬瓣放入果汁机中，再加入蜂蜜，用中速搅打均匀成果汁即可。

功效

　　菠萝具有清暑解渴、消食止泻、补脾胃、固元气、益气血、消食、祛湿、养颜瘦身等功效。

香橙玫瑰汁

原料

橙子1个

浓玫瑰果汁200毫升

柠檬汁15毫升

琼脂粉少许

调料

蜂蜜1大匙

矿泉水适量

做法

1. 将橙子洗净，切成小瓣，去掉外皮及果核，去掉白色筋膜取出橙子的果肉，然后放入果汁机中，搅打成汁。

2. 坐锅点火，加入浓玫瑰果汁和矿泉水烧沸，再放入琼脂粉，用小火煮约2分钟，然后加入蜂蜜调匀成琼脂汁。

3. 将煮好琼脂汁倒入杯中冷却，饮前加入柠檬汁、橙汁调匀即可。

功效

玫瑰花是很好的药食同源的食物，女性平时常用它来泡水喝，有很多好处。尤其是月经期间情绪不佳、脸色黯淡，甚至是痛经等症状，都可以得到一定的缓解。

酸、甜 ⏱15分钟

柠檬橙汁

原料
橙子2个
柠檬1个

调料
蜂蜜1大匙
冰块适量

做法

1. 将柠檬洗净，擦净水分，放在压汁器内，榨取柠檬汁。

2. 橙子洗净，切成小瓣，去掉外皮及果核，去掉白色筋膜，取橙肉果肉备用。

3. 将橙子放入果汁机内，加放入冰块调匀。

4. 再放入柠檬汁和蜂蜜，用中速搅打成果汁，取出倒入杯中，即可饮用。

香橙西红柿柠檬汁

原料
橙子1个
西红柿1/2个
柠檬1/3个

调料
蜂蜜1大匙
矿泉水适量

做法

1. 将西红柿去蒂，洗净，在表面划上十字花刀，用热水稍烫一下剥去外皮，切成小块。

2. 将橙子洗净，切成小瓣，去掉外皮及果核，去掉白色筋膜，取出橙子果肉备用；柠檬去皮，去子，切成小块。

3. 将加工好的西红柿块、橙子果肉、柠檬块放入果汁机中。

4. 再加入矿泉水、蜂蜜搅打均匀成果汁，即可倒入杯中饮用。

功效

夏季饮用消暑怡人美白。对预防色斑很有特效。

酸、甜 ⏱20分钟

雪莲香橙汁

原料
橙子1个
胡萝卜1/3根
莲子15克

调料
矿泉水500毫升

做法

1. 将莲子洗净，放入温水中浸泡30分钟至发涨，取出，沥水，去掉莲子心；胡萝卜洗净，去皮，切成细丝。

2. 将橙子洗净，切成小瓣，去掉外皮及果核，去掉白色筋膜，取出橙子果肉备用。

3. 将胡萝卜丝、橙子果肉放入果汁机中，先加入300毫升矿泉水打细。

4. 再倒入剩下的矿泉水打匀成果汁，然后倒入杯中，加入莲子搅匀即可。

甜 ⏱60分钟

香橙薄荷汁

原料
橙子2个
薄荷3片

调料
蜂蜜少许
矿泉水适量

做法

1. 将橙子洗净，切成小瓣，去掉外皮及果核，去掉白色筋膜，取橙子果的肉，备用。

2. 将橙肉果肉、蜂蜜、矿泉水一同放入果汁机中搅打成果汁，倒入杯中后调匀。

3. 点缀上洗净的薄荷叶即可。

甜 10分钟

第一章 缤纷鲜果汁

香橙木瓜汁

原料
橙子2个
木瓜1/5个

调料
蜂蜜2小匙
矿泉水适量

做法

1. 将橙子洗净，切成小瓣，去掉外皮和果核，去掉白色筋膜，取出橙子的果肉备用。

2. 将木瓜洗净，削去外皮，再去掉木瓜子，切成小块。

3. 将橙子果肉、木瓜块放入果汁机中，加入矿泉水打均匀成果汁。

4. 再加入蜂蜜调匀，取出.倒入杯中，即可饮用。

功效

木瓜有润肤美容的功效，可以使人体吸收的营养更加充分，让皮肤变得光洁柔嫩，减少皱纹的产生。

甜 ⏱10分钟

香橙苹果汁

原料

橙子2个

苹果1个

胡萝卜100克

调料

蜂蜜1大匙

矿泉水适量

做法

1. 将胡萝卜洗净，沥净水分，去根，削去外皮，切成厚片。

2. 苹果洗净，擦净水分，削去外皮，去掉果核，切成小块。

3. 将橙子洗净，切成小瓣，去掉外皮及果核，去掉白色筋膜，取出橙子的果肉，然后放入果汁机中搅打成汁。

4. 将胡萝卜片、苹果块放入果汁机中搅打成果汁，取出，倒入杯中，再加上矿泉水、橙汁、蜂蜜调匀即可。

功效

　　苹果含有丰富的有机酸，可刺激胃肠蠕动，促使大便通畅，抑制轻度腹泻。

酸、甜 ○ 25分钟

梦幻冰饮

原料

橙子1个

菠萝1/10个

红葡萄酒25毫升

红石榴汁少许

调料

盐少许

蜂蜜1大匙

冰块适量

做法

1. 将橙子洗净，切成小瓣，去掉外皮及果核，去掉白色筋膜，取出橙子果肉备用。

2. 将菠萝削去外皮，挖去果眼，用淡盐水浸泡10分钟，取出，沥净水分，切成小块。

3. 将橙子果肉、菠萝块放入果汁机中，先加入红葡萄酒调匀。

4. 再加入红石榴汁、蜂蜜，中速搅打均匀成果汁，倒入杯中，放入冰块调匀即可。

香橙红椒汁

原料

橙子1个
胡萝卜1根
红椒1/2个

调料

盐少许
蜂蜜2大匙
矿泉水适量

做法

1. 将胡萝卜洗净，去根，削去外皮，刨成粗丝，加上盐拌匀，腌渍出水分，攥干；红椒洗净，去蒂，去子，切成小块。

2. 将橙子洗净，切成小瓣，去掉外皮及果核，去掉白色筋膜，取出橙子果肉备用。

3. 将胡萝卜丝、红椒块、橙子里肉放入果汁机中，加入矿泉水、蜂蜜搅打均匀成果汁，取出倒入杯中，即可饮用。

第一章 缤纷鲜果汁

41

酸、甜 ⏱15分钟

鲜橙汁

原料

橙子3个（约300克）

菠萝100克

调料

盐少许

蜂蜜1大匙

冰块适量

做法

1. 将橙子洗净，切成小瓣，去掉外皮及果核，去掉白色筋膜，取出橙子果肉备用。

2. 将菠萝削去外皮，挖去果眼，用淡盐水浸泡10分钟，取出，沥净水分，切成小块。

3. 将鲜橙果肉、菠萝块放入果汁机中，用中速搅打成果汁，再倒入杯中，加入蜂蜜、冰块调匀即可。

菠萝蜜橘汁

原料　　　做法

菠萝1/2个　1. 将菠萝削去外皮，挖去果眼，用淡盐水浸泡10
橘子2个　　　 分钟，取出，沥净水分，切成小块。

调料　　　2. 橘子剥去外皮，剥取橘子瓣，再去除橘子瓣的
蜂蜜1大匙　　 白膜。
矿泉水适量
　　　　　3. 将菠萝块、橘子瓣放入果汁机中，加入蜂蜜及
　　　　　　 矿泉水搅打成果汁，倒入杯中即可饮用。

🥄酸、甜 🕐15分钟

第一章 缤纷鲜果汁

43

菠萝杂果汁

原料

菠萝1/2个
橙汁75毫升
柠檬汁25毫升
红石榴汁15毫升

调料

盐少许
蜂蜜2大匙
冰块适量

做法

1. 将菠萝削去外皮，挖去果眼，用淡盐水浸泡10分钟，取出，沥净水分，切成小块。

2. 将菠萝块放入果汁机中，加入柠檬汁、橙汁、红石榴汁、蜂蜜搅打均匀成果汁。

3. 取出果汁，再倒入杯中，放入冰块调匀，即可饮用。

○酸、甜 ⓒ20分钟

菠萝西芹汁

原料
菠萝200克
西芹100克

调料
糖油30克
盐少许
蜂蜜1大匙
冰块适量
矿泉水适量

做法

1. 将西芹去根，去叶，留嫩西芹茎，用清水洗净，沥净水分，切成小段。

2. 将菠萝削去外皮，挖去果眼，用淡盐水浸泡10分钟，取出，沥净水分，切成小块。

3. 将菠萝块、西芹段、糖油、矿泉水一同放入果汁机中搅打成果汁。

4. 取出果汁，倒入杯中，再加入蜂蜜和冰块调匀即可。

● 酸、甜 ⏱15分钟

鲜菠萝汁

原料

菠萝1/2个

调料

盐少许

白糖1小匙

蜂蜜2大匙

冰块各适量

矿泉水适量

做法

1. 将菠萝削去外皮，挖去果眼，用淡盐水浸泡10分钟，取出，沥净水分，切成小块。

2. 将菠萝块放入果汁机内，加入白糖、蜂蜜和矿泉水，用中速搅打成果汁。

3. 取出后倒入杯中，加入冰块调匀即可。

🥄 酸、甜 ⏱20分钟

菠萝胡萝卜汁

原料

胡萝卜150克

菠萝250克

调料

糖油少许

矿泉水适量

做法

1. 将胡萝卜洗净，擦净水分，去掉根，削去外皮，切成小块；菠萝去皮，去果眼，用淡盐水浸泡并洗净，切成小块。

2. 将菠萝块、胡萝卜块、糖油、矿泉水一同放入果汁机中，用中速搅打成果汁，取出，倒入杯中调匀，即可饮用。

酸、甜 ⏱20分钟

菠萝润肤汁

原料

菠萝1/3个

橙子1个

橘子1个

调料

盐少许

矿泉水适量

做法

1. 将菠萝削去外皮，挖去果眼，放入淡盐水中浸泡几分钟，取出，沥净水分，切成小块。

2. 橘子剥去外皮，剥取橘子瓣，再去除橘子瓣的白膜。

3. 将橙子洗净，切成小瓣，去掉外皮及果核，去掉白色筋膜，取出橙子的果肉备用。

4. 将菠萝块、橙子果肉、橘子瓣放入果汁机中，加入矿泉水搅打均匀，倒入杯中即可饮用。

录么果蔬汁

菠萝香橙汁

原料
菠萝1/3个
橙子1个

调料
盐少许
冰块适量
矿泉水适量

做法

1. 将菠萝削去外皮，挖去果眼，用淡盐水浸泡10分钟，取出，沥净水分，切成小块。

2. 橙子洗净，切成小瓣，去掉外皮及果核，去掉白色筋膜，取出橙子的果肉备用。

3. 将菠萝块、橙子果肉放入果汁机中，加入矿泉水搅打均匀成果汁。

4. 取出倒入杯中，加入冰块调匀，即可饮用。

第一章 缤纷鲜果汁

49

◎酸、甜 ⏱15分钟

菠萝香蕉汁

原料

菠萝1/3个（约300克）

芒果1/2个

橙子100克

香蕉75克

调料

矿泉水适量

做法

1. 将香蕉剥去果皮，取香蕉果肉，切成小块；菠萝削去外皮，挖去果眼，放入淡盐水中浸泡并洗净，取出，切成小块。

2. 芒果剥去外皮，去掉芒果核，切成小块；将橙子洗净，切成小瓣，去掉外皮及果核，去掉白色筋膜，取出橙子的果肉备用。

3. 将菠萝块、香蕉块、芒果块、橙子果肉放入果汁机中，加入矿泉水搅打均匀成果汁即可。

功效

　　由于香蕉性寒，故脾胃虚寒、胃痛、腹泻，及胃酸过多者尽量少食用。把香蕉和牛奶混合成泥状，涂抹在脸上可以美白。

菠萝石榴汁

原料

菠萝1/2个（约500克）
橙汁100毫升
红石榴1个

调料

白糖2大匙
冰块适量

做法

1. 将菠萝削去外皮，挖去果眼，放入淡盐水中浸泡并洗净，捞出沥水，切成小块。

2. 把红石榴去蒂，切成两半，剥去果皮，取红石榴果肉备用。

3. 将菠萝块、红石榴果肉放入果汁机中，加入橙汁、白糖、冰块搅打均匀成果汁，再倒入杯中，即可饮用。

功效

石榴含有石榴酸等多种有机酸，能帮助消化吸收，增进食欲。

酸、甜 ①20分钟

菠萝果菜汁

原料
菠萝1/3个
橙子1/2个
卷心菜100克

调料
盐少许
蜂蜜1大匙
冰块适量
矿泉水适量

做法

1. 将卷心菜剥去外层老皮，去掉根，用清水洗净，沥水，撕成小片。

2. 菠萝削去外皮，挖去果眼，放入淡盐水中浸泡片刻，捞出沥水切成小块；橙子洗净，切成小瓣，去掉外皮及果核，去掉白色筋膜，取出橙子的果肉备用。

3. 将菠萝块、卷心菜叶片、橙子果肉放入果汁机中，加入矿泉水、蜂蜜、冰块搅打均匀成果汁，倒入杯中，即可饮用。

酸、甜 ⏱20分钟

菠萝鲜桃汁

原料
菠萝1/3个
绿豆芽100克
桃(罐头)2小块
桃汁(罐头)25毫升

调料
矿泉水适量

做法

1. 将菠萝削去外皮，挖去果眼，用淡盐水浸泡片刻，捞出沥水，切成小块。

2. 把绿豆芽掐去两端，用清水浸泡并洗净，捞出，沥净水分。

3. 将菠萝块、绿豆芽、桃块放入果汁机中，加入矿泉水、桃汁搅打均匀成果汁，倒入杯中即可饮用。

酸、甜 ⏱20分钟

南国风情水果汁

原料

菠萝1/3个
橙汁75毫升
红石榴汁25毫升
柠檬汁25毫升
鸡蛋黄1个
红葡萄酒100毫升
椰奶75毫升

调料

汽水50毫升
冰块适量

做法

1. 将菠萝削去外皮，挖去果眼，用淡盐水浸泡片刻，捞出沥水，切成小块。

2. 将菠萝块放入果汁机中，先加入鸡蛋黄、橙汁、椰奶、红石榴汁、柠檬汁、红葡萄酒搅打均匀成果汁。

3. 将搅好的果汁倒入杯中，加入汽水，放入冰块调匀即可。

功效

　　柠檬含有大量的糖和一定量的柠檬酸以及丰富的维生素C，营养价值较高。

酸、甜 🕐20分钟

菠萝橘子芒果汁

原料

菠萝1/3个
芒果1/2个
橘子1个

调料

蜂蜜1大匙
白糖2小匙
矿泉水适量

做法

1. 将菠萝削去外皮，挖去果眼，用淡盐水浸泡片刻，捞出沥水，切成小块。

2. 橘子剥去外皮，剥取小瓣，去掉白色筋膜，再去掉子；芒果洗净，剥去外皮，去掉果核，切成小块。

3. 将菠萝块、橘子瓣、芒果块放入果汁机中，加入矿泉水、蜂蜜、白糖搅打均匀成果汁，倒入杯中即可饮用。

功效

　　芒果汁是一种强效的抗氧化剂，对身体健康具有很好的保护作用。特别是它对肾脏和清洁血液有非常好的效果。

第一章 缤纷鲜果汁

55

录名果疏汁！

芝麻豆浆梨汁

原料

鸭梨1个（约200克）

豆浆150毫升

香蕉1个

白芝麻30克

调料

蜂蜜2大匙

做法

1. 将鸭梨洗净，削去外皮，切成两半，去掉果核，切成小块；香蕉剥去外皮，将香蕉果肉，切成块。

2. 先把整理好的鸭梨块、香蕉块和白芝麻放入果汁机中。

3. 再倒入豆浆、蜂蜜，用中速搅打均匀成果汁，倒入杯中即可饮用。

鲜姜雪梨汁

原料

雪梨2个

调料

鲜姜1大块（约30克）

蜂蜜2大匙

矿泉水适量

冰块适量

做法

1. 将雪梨洗净，削去外皮，切成两半，去掉果核，切成小块。

2. 鲜姜洗净，擦净水分，削去外皮，切成大片。

3. 将雪梨块、鲜姜片放入果汁机中，中速搅打成果汁。

4. 再倒入杯中，加入蜂蜜、矿泉水、冰块调匀，即可饮用。

甜 ⏱15分钟

雪梨生菜汁

原料
雪梨2个
生菜150克

调料
冰块适量
矿泉水适量

做法

1. 将生菜去根，用清水浸泡并洗净，取出，沥净水分，撕成大片；雪梨洗净，削去外皮，去掉果核，切成小块。

2. 将雪梨块、生菜片、矿泉水一同放入果汁机中，匀速搅打成果汁，倒入杯中，再加入冰块调匀即可。

香梨苹果醋

原料

白梨1个

山楂100克

苹果醋1大匙

调料

冰块适量

矿泉水适量

做法

1. 把白梨洗净，沥水，削去外皮，切成两半，去掉果核，切成小块。

2. 将山楂去掉蒂，用清水洗净，擦净水分，切成两半，去掉山楂子。

3. 把白梨块、山楂、矿泉水、苹果醋放入果汁机中拌匀。

4. 用中速搅打均匀成果汁，取出，倒入杯中，再加上冰块调匀即可。

酸、甜　20分钟

黑豆香蕉汁

原料

香蕉2根（约250克）
黑豆50克
绿茶水适量

调料

黑蜜2大匙
白糖2大匙

做法

1. 将香蕉剥去外皮，取香蕉果肉，切成小段；黑豆洗净，再放入清水盆内浸泡12小时至发涨，捞出。

2. 坐锅点火，加入适量清水烧沸，先放入黑豆略煮，再加入白糖煮至熟烂，捞出。

3. 将香蕉块放入果汁机内，再加入煮好的黑豆，放入绿茶水和黑蜜，用中速搅打均匀成果汁，即可饮用。

甜 15分钟

橘子香蕉汁

原料

香蕉200克
橘子1个

调料

蜂蜜1大匙
冰块适量
矿泉水适量

做法

1. 将香蕉剥去外皮，取香蕉果肉，切成小块；橘子剥去外皮，取出橘子瓣，除去白膜去掉子。

2. 将香蕉块、橘子瓣放入果汁机中，先加入矿泉水、蜂蜜调匀，再用中速搅打均匀成果汁。

3. 取出搅打好的果汁，倒入杯中，放入冰块调匀即可。

甜 ⏱15分钟

第一章 缤纷鲜果汁

麦芽山楂汁

原料

山楂100克

麦芽25克

调料

冰糖2大匙

矿泉水适量

做法

1. 将山楂洗净，去蒂，切开成两半，去掉山楂子，再切成小片。

2. 净锅置火上烧热，放入麦芽，用小火煸炒几分钟至熟，取出晾凉。

3. 将山楂片、炒熟的麦芽放入杯中，加入烧沸的矿泉水冲泡。

4. 加盖焖约5分钟，放入冰糖调匀，即可饮用。

酸、甜 ⏱25分钟

甜 ⏱10分钟

西瓜雪梨汁

原料

西瓜250克
雪梨1个

调料

冰块适量

做法

1. 将西瓜挖出果肉，去掉西瓜子，切成小块；雪梨洗净，削去外皮，去掉果核，切成小块。

2. 将雪梨块、西瓜块一同放入果汁机中，中速搅打成果汁，倒入杯中，再加入冰块调匀，即可饮用。

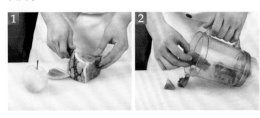

第一章 缤纷鲜果汁

酸、甜 ⏱15分钟

山楂蜜汁

原料

山楂250克

调料

蜂蜜1大匙
白糖2大匙
糖桂花少许
矿泉水适量

做法

1. 山楂洗净，去掉蒂，切开成两半，去掉山楂子，再切成小片。

2. 净锅置火上，加入矿泉水，先放入山楂片，用大火烧沸。

3. 再转小火煮至山楂烂熟，然后放入白糖、蜂蜜、糖桂花煮匀。

4. 离火出锅，晾凉后过滤，去掉杂质，倒入杯中，即可饮用。

酸、甜 ⏱10分钟

红糖山楂汁

原料

山楂200克

调料

红糖60克

蜂蜜1大匙

冰块适量

矿泉水适量

做法

1. 将山楂洗净，去掉蒂，切开成两半，去掉山楂子，再切成小片。

2. 将山楂片放入果汁机中，加入红糖、矿泉水搅打均匀成山楂汁。

3. 取出山楂汁，倒入杯中，加入蜂蜜、冰块调匀即可。

第一章 缤纷鲜果汁

酸、甜 ⏱10分钟

西芹生菜葡萄汁

原料
葡萄15粒
西芹100克
生菜75克

调料
蜂蜜适量
冰块适量

做法

1. 将葡萄粒洗净，剥去皮，去掉葡萄子；生菜洗净，沥净水分，先去掉根，取嫩生菜叶，撕成大块。

2. 将西芹去根和老叶，撕去老筋，用清水洗净，沥水，切成小段。

3. 将葡萄粒、生菜叶、西芹段放入果汁机中搅打成汁，再倒入杯中，加入冰块、蜂蜜调匀即可饮用。

葡萄柠檬汁

原料

葡萄20粒

柠檬1/2个

调料

白砂糖100克

冰块适量

做法

1. 将葡萄粒洗净，剥去皮，去掉葡萄子。

2. 柠檬洗净，削去外皮，去掉柠檬子，用压汁器榨取柠檬汁。

3. 将葡萄粒放入果汁机中，加入柠檬汁、白砂糖搅打均匀成果汁。

4. 取出果汁，倒入杯中，再加入冰块调匀，即可饮用。

◎酸、甜 ⓒ10分钟

美肤补血果汁

原料
紫葡萄25粒
西红柿1个
菠萝1/6个
苹果1/3个
调料
冰块适量

做法

1. 菠萝削去外皮，挖去果眼，用淡盐水浸泡片刻冲洗干净，切成小块；将葡萄粒洗净，剥去皮，去掉葡萄子。

2. 将西红柿去蒂，洗净，切成小块；苹果洗净，去外皮及果核，也切成小块。

3. 将葡萄粒、西红柿块、菠萝块、苹果块放入果汁机中搅打成果汁，再倒入杯中，加入冰块调匀即可。

甜 ⊙20分钟

狝猴桃柠檬汁

原料
狝猴桃2个
柠檬1个

调料
冰块适量

做法

1. 将狝猴桃洗净，剥去外皮，去掉狝猴桃子，切成小块。

2. 柠檬洗净，削去外皮，去掉柠檬子，用压汁器榨取柠檬汁。

3. 将狝猴桃块放入果汁机中，加入柠檬汁搅打均匀成果汁。

4. 倒入杯中，加入冰块调匀，即可饮用。

○酸 ①10分钟

桃果西芹汁

原料

猕猴桃2个

青苹果1个

西芹30克

薄荷汁10毫升

调料

冰块适量

做法

1. 把猕猴桃洗净，剥去外皮，去掉猕猴桃子，切成小块。

2. 青苹果洗净，削去外皮，去掉果核，切成小块；西芹洗净，去菜叶、老筋，切成小段。

3. 将猕猴桃块、青苹果块、西芹段放入果汁机中，加入薄荷汁搅打均匀成果汁，即可倒入杯中，加入冰块调匀即可。

功效

　　猕猴桃含有丰富的维生素C，具有强化免疫系统，促进伤口愈合的功效。

◎酸、甜 ⏱15分钟

酸、甜 15分钟

芒果猕猴桃汁

原料

芒果1个

猕猴桃2个

调料

蜂蜜2大匙

冰块适量

矿泉水适量

做法

1. 将芒果洗净，剥去外皮，去掉果核，切成小块；猕猴桃剥去外皮，去掉猕猴桃子，也切成小块。

2. 将芒果块、猕猴桃块、蜂蜜、矿泉水一同放入果汁机中搅打成果汁，倒入杯中，加入冰块调匀即可。

第一章 缤纷鲜果汁

猕猴桃香蕉汁

原料	做法

原料
猕猴桃1个
香蕉1根

调料
蜂蜜1大匙
白糖2小匙
冰块适量
矿泉水适量

做法

1. 把猕猴桃洗净，剥去外皮，去掉猕猴桃子，切成小块。

2. 将香蕉去皮，取香蕉果肉，切成小块。

3. 将猕猴桃块、香蕉块放入果汁机中，加入矿泉水、蜂蜜、白糖调匀。

4. 用中速搅打均匀成果汁，取出，倒入杯中，加入冰块调匀，即可饮用。

安神猕猴桃汁

原料
猕猴桃3个
卷心菜100克
薄荷叶3片

调料
矿泉水适量

做法

1. 将卷心菜去掉老叶和菜根，洗净，放入沸水锅内焯烫至熟，捞出过凉，撕成大片；猕猴桃洗净，去皮，切成小块。

2. 将猕猴桃块、卷心菜片、薄荷叶、矿泉水一同放入果汁机中搅打成果汁，取出，倒入杯中调匀即可。

第一章 缤纷鲜果汁

73

酸、甜 ⏱10分钟

西芹猕猴桃芽菜汁

原料

猕猴桃1个
西芹150克
绿豆芽75克

调料

蜂蜜3大匙
矿泉水适量

做法

1. 把猕猴桃洗净，剥去外皮，去掉猕猴桃子，切成小块。

2. 把绿豆芽掐去两端，用清水浸泡并洗净，捞出，沥净水分；将西芹择洗干净，去除老筋，切成大段。

3. 将猕猴桃块、绿豆芽、西芹段放入果汁机中，加入矿泉水、蜂蜜，搅打均匀成果汁，倒入杯中即可饮用。

无花果蜜汁

原料

无花果6个

调料

冰糖25克
蜂蜜1大匙
糖桂花少许
矿泉水适量

做法

1. 将无花果放在容器内，加上适量的清水浸泡几分钟，捞出，切成两半。

2. 净锅置火上，加入矿泉水烧煮至沸，先放入无花果，小火煮约10分钟。

3. 再加上冰糖、蜂蜜、糖桂花稍煮几分钟，出锅，倒在容器内晾凉。

4. 用纱布过滤后去掉杂质，倒入杯中，加入蜂蜜调匀，即可饮用。

◎甜 ①25分钟

第一章 缤纷鲜果汁

无花果柠檬汁

原料

无花果5个

柠檬1个

调料

冰块适量

矿泉水适量

做法

1. 将无花果放在容器内，加上适量的清水浸泡几分钟，捞出，切成两半。

2. 柠檬洗净，削去外皮，去掉柠檬子，用压汁器榨取柠檬汁。

3. 将无花果放入果汁机中，加入矿泉水、柠檬汁搅打均匀成果汁。

4. 取出搅匀的果汁，倒入玻璃杯中，再加上砸碎的冰块调匀即可。

功效

无花果具有健胃清肠，消肿解毒。治肠炎，痢疾，便秘，痔疮，喉痛，痈疮疥癣的功效。

酸、甜 ⏱15分钟

奇异芒果汁

原料
芒果1个
猕猴桃1个
柠檬1/2个

调料
冰糖15克
冰块适量
矿泉水适量

做法

1. 将芒果剥去外皮，去掉果核，切成小块；猕猴桃洗净，去皮，也切成小块。

2. 将柠檬洗净，切成小瓣，再去掉外皮及子，取出柠檬的果肉；冰糖砸碎，放在容器内，加入矿泉水调匀成冰糖水。

3. 将芒果块、猕猴桃块、柠檬果肉放入果汁机中，加入冰糖水、冰块搅打均匀成果汁，倒入杯中即可饮用。

功效

　　芒果有祛痰止咳的功效，对咳嗽、痰多、气喘等症有辅助食疗作用。

⑧酸、甜 ⑥20分钟

菠萝芒果汁

原料

芒果1个
菠萝100克
橙子1/2个

调料

蜂蜜2小匙
矿泉水适量

做法

1. 将芒果剥去外皮，切开成两半，去掉果核，再切成小块。

2. 将橙子洗净，切成小瓣，去掉外皮及果核，去掉白色筋膜，取出橙子的果肉；菠萝削去外皮，挖去果眼，用淡盐水浸泡片刻，切成小块。

3. 将芒果块、橙子果肉、菠萝块放入果汁机中，加入矿泉水、蜂蜜搅打均匀成果汁，倒入杯中即可饮用。

🥄酸、甜 ⏱15分钟

芒果嫩肤汁

原料

芒果150克

橙子100克

苹果75克

柠檬1个

调料

蜂蜜2大匙

矿泉水适量

做法

1. 将芒果剥去外皮，去掉果核，切成小块；苹果洗净，去皮，也切成小块。

2. 将橙子、柠檬洗净，切成小瓣，再去外皮及果核，取出果肉。

3. 将芒果块、苹果块、橙子果肉、柠檬果肉放入果汁机中。

4. 倒入矿泉水，再加入蜂蜜搅打均匀成果汁，倒入杯中即可饮用。

第一章 缤纷鲜果汁

79

甜 ⑩10分钟

芒果蜜饮

原料
芒果（小）3个

调料
蜂蜜1大匙
糖桂花1小匙
白糖少许
冰块适量
矿泉水适量

做法

1. 将芒果剥去外皮，切开成两半，去掉果核，再切成小块。

2. 将芒果块放入果汁机中，先加入蜂蜜、白糖和糖桂花调匀。

3. 再倒入矿泉水，用中速搅打均匀成果汁。

3. 取出，倒入杯中，加上冰块调匀即可。

芒果椰汁

原料

芒果2个
椰子汁100毫升

调料

蜂蜜2大匙
冰块适量
矿泉水适量

做法

1. 将芒果剥去外皮，切开成两半，去掉果核，再切成小块。

2. 将芒果块、椰子汁、蜂蜜一同放入果汁机中搅打成汁。

3. 再倒入矿泉水，加上冰块，继续搅打片刻成果汁，取出，倒入杯中，即可饮用。

第一章 缤纷鲜果汁

酸、甜 ⏱15分钟

金橘美颜汁

原料

金橘8个

柠檬1个

话梅2粒

调料

蜂蜜1大匙

矿泉水适量

做法

1. 将金橘剥去外皮，取金橘的橘瓣，剥去外层的筋络。

2. 把柠檬洗净，切成小瓣，再去掉外皮及果核，取出果肉。

3. 将金橘瓣、柠檬果肉一同放入果汁机中搅打成果汁。

4. 取出搅匀的果汁倒入杯中，加入矿泉水、话梅、蜂蜜调匀，即可饮用。

功效

金橘武等成分,对维护心血管功能,防止血管硬化、高血压等疾病有一定的作用。

金橘桂圆汁

原料

金橘饼75克

桂圆25克

调料

冰糖适量

矿泉水适量

做法

1. 将金橘饼洗净，沥净水分，切成小丁；桂圆用温水浸泡片刻，取出沥水，去掉果核，留干净的桂圆果肉。

2. 净锅置火上，加入矿泉水烧沸，先放入桂圆肉煮约8分钟。

3. 再加入金橘饼丁、冰糖，续煮约5分钟，倒入杯中晾凉，即可饮用。

功效

　　桂圆具有益气补血，安神定志，养血安胎的功效。适用于失眠健忘，脾虚腹泻，精神不振等症。

◆甜 ⏱20分钟

橘香胡萝卜饮

原料
橘子3个
胡萝卜1根

调料
冰糖1大匙
矿泉水适量

做法

1. 将橘子剥去外皮，去掉果核，剥成小瓣，再除去白膜。

2. 将胡萝卜洗净，去掉根，削去外皮，切成长条，再放入果汁机中，用中速搅打均匀成胡萝卜汁，取出。

3. 将橘子瓣放入果汁机中，加入冰糖和矿泉水调匀，搅打均匀成橘子果汁，再倒入杯中，加入胡萝卜汁调匀即可。

甜 ⏱10分钟

桃香果汁

原料

水蜜桃2个
百香果3个

调料

盐少许
白糖2大匙
矿泉水适量

做法

1. 将水蜜桃放在容器内，加上盐，倒入适量的清水洗净，取出。

2. 把水蜜桃剥去外皮，掰成两半，去掉果核，切成小块；将百香果洗净，对半剖开去瓤及子。

3. 将水蜜桃块、百香果放入果汁机中，加入矿泉水、白糖搅打均匀成果汁，取出，倒入杯中即可饮用。

酸、甜 ⏱15分钟

黄桃雪梨汁

原料

黄桃2个

雪梨1个

草莓糖浆25毫升

调料

矿泉水适量

做法

1. 将黄桃、雪梨分别洗净，削去外皮，切开成两半，去掉果核，再切成小块。

2. 将黄桃块、雪梨块放入果汁机中搅打均匀成果汁，再倒入杯中，加入草莓糖浆、矿泉水调匀即可。

功效

雪梨.具有润肺清燥、止咳化痰、养血.的功效。

◎甜 ⓒ10分钟

酸、甜 ⏱10分钟

柠檬蜜桃果汁

原料

水蜜桃200克
苹果1/2个
柠檬汁15毫升

调料

盐少许
冰块适量
矿泉水适量

做法

1. 将水蜜桃放入容器内，加入清水和盐调匀，搓洗去表面绒毛。

2. 取出水蜜桃，剥去外皮，掰开成两半，去掉果核，切成小块。

3. 苹果洗净，削去外皮，去掉苹果的果核，再切成小块。

4. 将水蜜桃块、苹果块放入果汁机中，加入柠檬汁、矿泉水、冰块搅打均匀成果汁，倒入杯中即可饮用。

功效

水蜜桃具有美肤、清胃、润肺、祛痰等功效。

第一章 缤纷鲜果汁

酸、甜 ⏱15分钟

健脑果汁

原料

桃(罐头)3大块

葡萄10粒

鸭梨1/2个

桃汁(罐头)30毫升

调料

矿泉水适量

做法

1. 将鸭梨洗净，削去外皮，去掉果核，切成小块；葡萄洗净，去皮和了。

2. 将桃块、葡萄粒、鸭梨块放入果汁机中，加入矿泉水、桃汁搅打均匀成果汁，取出倒入杯中，即可饮用。

平衡血糖健康汁

原料

水蜜桃1个
葡萄10粒

调料

盐少许
白糖100克
冰块适量
矿泉水适量

做法

1. 将水蜜桃放容器内，加入清水和盐洗净，捞出，沥净水分。

2. 把水蜜桃剥去外皮，去掉果核，切成小块；将葡萄洗净，去皮及子。

3. 将水蜜桃块、葡萄粒放入果汁机中，加入白糖、矿泉水搅打均匀成果汁，倒入杯中，加上冰块调匀，即可饮用。

鲜桃苹果饮

原料

水蜜桃1个

苹果1/2个（约150克）

芦荟50克

薄荷叶适量

调料

矿泉水适量

做法

1. 将水蜜桃、苹果分别洗净，去皮及果核，切成小块。

2. 将芦荟洗净，削去外皮，切成小丁，放入沸水锅内焯烫一下，捞出，用冷水过凉，沥水。

3. 将水蜜桃块、苹果块、芦荟丁、矿泉水全部放入果汁机中。

4. 用中速搅打均匀成果汁，再倒入杯中，撒入薄荷叶即可。

甜瓜蔬菜汁

原料

甜瓜1/3个
黄瓜1/2根
白菜叶75克

调料

蜂蜜2大匙
矿泉水适量

做法

1. 将甜瓜洗净，削去外皮，切开后去掉瓜瓤，切成小块。

2. 将黄瓜洗净，擦净水分，削去外皮，去掉黄瓜子，切成大小均匀的小块;白菜叶洗净，再撕成大块。

3. 将甜瓜块、黄瓜块、白菜叶和矿泉水放入果汁机中调匀。

4. 再加入蜂蜜搅打均匀成果汁，取出，倒入杯中，即可饮用。

甜 15分钟

甜瓜柠檬汁

原料
甜瓜1/2个
猕猴桃1个
柠檬汁15毫升
调料
果糖1大匙
冰块适量
矿泉水适量

做法

1. 将甜瓜洗净，削去外皮，再挖出瓜瓤，然后切成小块。

2. 猕猴桃洗净，擦净水分，剥去外皮，去掉果核，切成块。

3. 将甜瓜块、猕猴桃块、矿泉水放入果汁机中搅打均匀成果汁。

4. 再倒入杯中，加入柠檬汁、果糖、冰块调匀，即可饮用。

◎酸、甜 ⏱15分钟

白菜甜瓜猕猴桃汁

原料

甜瓜1/3个
猕猴桃1个
白菜叶50克
罐装樱桃1粒

调料

蜂蜜2大匙
矿泉水适量

做法

1. 将甜瓜洗净，削去外皮，再挖出瓜瓤，切成小块；猕猴桃洗净，沥水，剥去外皮，去掉果核，也切成小块。

2. 将白菜叶洗净，切成大块，放入果汁机内，再加入猕猴桃块、甜瓜块调匀。

3. 再加入矿泉水、蜂蜜，用中速搅打均匀成果汁，取出，倒入杯中，摆上罐装樱桃加以点缀即可。

酸、甜 ⏱20分钟

西芹甜瓜葡萄汁

原料

甜瓜1/3个
葡萄100克
西芹75克

调料

冰块适量
矿泉水适量

做法

1. 甜瓜用清水洗净，沥水，削去外皮，再挖出瓜瓤，切成小块；将葡萄粒洗净，剥去外皮，去掉葡萄子。

2. 西芹去根和菜叶，用清水浸泡并洗净，取出，沥水，再去除老筋，切成小段。

3. 把甜瓜块、西芹段、葡萄粒放入果汁机中，加入矿泉水搅匀成果汁，倒入杯中，加上冰块调匀即可。

功效

  葡萄中钾元素含量较高，能帮助人体积累钙质，促进肾脏功能，调节心律。

◎酸、甜 ⏱10分钟

健胃甜瓜汁

原料
甜瓜1/2个
葡萄50克
柠檬汁50毫升

调料
白糖2大匙
冰块适量
矿泉水适量

做法

1. 甜瓜用清水洗净，沥水，削去外皮，再挖出瓜瓤，切成小块；将葡萄粒洗净，剥去外皮，去掉葡萄子。

2. 将甜瓜块、葡萄粒放入果汁机中，加入矿泉水、白糖搅打均匀成果汁。

3. 取出，倒入杯中，再加入柠檬汁、冰块调匀，即可饮用。

功效

香瓜具有清热解署、除烦止渴、利尿的功效。

第二章 缤纷鲜果汁

甜 ⏱20分钟

芦荟甜瓜梨汁

原料

甜瓜1/3个
鸭梨1/2个
芦荟(罐头)50克
芦荟汁(罐头)30毫升

调料

矿泉水适量

做法

1. 甜瓜用清水洗净，沥水，削去外皮，再挖出瓜瓤，切成小块；鸭梨洗净，削去外皮及果核，切成小块；芦荟洗净，切成块。

2. 将甜瓜块、鸭梨块、芦荟块放入果汁机中，加入矿泉水、芦荟汁搅.匀，倒入杯中即可饮用。

萝檬杨桃汁

原料   **做法**

杨桃1个

菠萝100克

柠檬汁15毫升

1. 将杨桃洗净、菠萝去皮，挖去果眼，用淡盐水浸泡片刻，洗净沥水切成小块，全部放入果汁机中，加入白砂糖拌匀。

调料

白砂糖1大匙

矿泉水250毫升

2. 再加入柠檬汁、一半的矿泉水打细，再放入剩下的矿泉水打匀，倒入杯中即可饮用。

录名果蔬汁

酸、甜 ⓘ15分钟

杨桃青提汁

原料
杨桃1个
青提子50克

调料
盐少许
蜂蜜2大匙
冰块适量
矿泉水适量

做法

1. 将杨桃放入淡盐水中浸泡并洗净，取出，沥水，切成小块。

2. 青提子洗净，擦净水分，剥去外皮，再去掉青提子的子。

3. 将加工好的杨桃块、青提子放入果汁机中搅打均匀成果汁。

4. 把果汁用细滤网滤入杯中，加入蜂蜜、矿泉水、冰块调匀即可。

杨桃草莓汁

原料
杨桃1个
草莓6个

调料
盐少许
冰块适量

做法

1. 将杨桃用淡盐水浸泡.洗净，取出，沥净水分，切成小块；将草莓去掉蒂洗净，对半切开。

2. 将杨桃块、草莓放入果汁机中，加入矿泉水搅打均匀成果汁。

3. 取出果汁，倒入杯中，加入冰块调匀即可。

功效

　　杨桃有清热生津，利水解毒，下气和中，利尿通淋，生津消烦、醒酒、助消化等功效。

⊙酸、甜 ⊙10分钟

木瓜柳橙汁

原料

木瓜1/2个
菠萝1/3个
橙子2个
苹果1/2个

调料

矿泉水适量

做法

1. 将菠萝削去外皮，挖去果眼，用淡盐水浸泡片刻后洗净，切成小块；苹果洗净，削去外皮，切开成两半，去掉果核，再切成小块。

2. 将木瓜去皮及瓤，切成小块；橙子洗净，切成小瓣，去掉外皮及果核，去掉白色筋膜，取出果肉备用。

3. 将木瓜块、菠萝块、苹果块、橙子果肉放入果汁机中，加入矿泉水搅打成果汁，倒入杯中即可饮用。

◎酸、甜 ①20分钟

木瓜柠檬汁

原料

木瓜1/3个
柠檬1个
冰淇淋60克
调料
矿泉水适量

做法

1. 将木瓜洗净，削去外皮，去掉木瓜的瓜瓤，切成小块。

2. 把柠檬洗净，削去外皮，去掉柠檬子，用压汁器榨取柠檬汁。

3. 将木瓜块放入果汁机中，加入矿泉水、柠檬汁搅打均匀成果汁。

4. 取出果汁倒入杯中，放上冰淇淋，即可饮用。

酸、甜 ⏱15分钟

第一章 缤纷鲜果汁

美白木瓜橙汁

原料
木瓜1/3个
橙子1个
柠檬1/2个

调料
白糖2大匙
冰块适量

做法

1. 将木瓜削去外皮，去掉瓜瓤，切成大块；柠檬洗净，削去外皮，去掉柠檬子，用压汁器榨取柠檬汁。

2. 将橙子洗净，先切成小瓣，去掉外皮及果核，去掉白色筋膜，取出橙子的果肉备用。

3. 将木瓜块、橙子果肉放入果汁机中，加入柠檬汁、白糖搅打均匀，再倒入杯中，加入冰块调匀即可。

酸、甜 ⏱15分钟

清凉木瓜汁

原料

木瓜1/3个
柠檬1个

调料

蜂蜜2大匙
冰块适量
矿泉水适量

做法

1. 将木瓜洗净，擦净水分，削去外皮，去掉瓜瓤，切成小块。

2. 柠檬洗净，削去外皮，去掉柠檬子，用压汁器榨取柠檬汁。

3. 将木瓜块放入果汁机中，加入蜂蜜、柠檬汁、矿泉水搅打均匀成果汁。

4. 把果汁取出，倒入杯中，加入冰块调匀，即可饮用。

第一章 缤纷鲜果汁

酸、甜 ⏱15分钟

杏干木瓜汁

原料
木瓜1/2个
杏干5粒

调料
奶油30克
白砂糖1大匙
矿泉水适量

做法

1. 将木瓜洗净，擦净水分，削去外皮，去掉瓜瓤，切成小块。

2. 把奶油放容器内，用打蛋器搅打均匀至涨发；将杏干洗净，切成两半。

3. 将木瓜块、杏干放入果汁机中，先加入打发的奶油拌匀。

4. 再加入矿泉水、白砂糖，用中速搅打均匀成果汁，倒入杯中即可饮用。

功效

　　杏干具有活血补气，增加热量的作用，富含蛋白质、钙、磷、铁、维生素C等成分。

苹果木瓜蜜汁

原料

木瓜1/3个

苹果1个

橙子1个

调料

蜂蜜1大匙

矿泉水适量

做法

1. 将苹果洗净，削去外皮，切开成两半，去掉果核，切成小块。

2. 将木瓜去皮及瓤，切成大块；橙子洗净，切成小瓣，去掉外皮及果核，去掉白色筋膜，取出橙子的果肉备用。

3. 将苹果块、木瓜块、橙子果肉、蜂蜜全部放入果汁机中。

4. 再加入矿泉水，用中速搅打均匀成果汁，倒入杯中即可饮用。

第一章 缤纷鲜果汁

酸、甜 ⏱10分钟

美肤果汁

原料
木瓜1/3个
柠檬1/2个

调料
冰块适量
矿泉水适量

做法

1. 将木瓜洗净，擦净表面水分，削去外皮，去掉瓜瓤，切成小块。

2. 将柠檬洗净，切成小瓣，去掉外皮及果核，取出柠檬的果肉。

3. 将木瓜块、柠檬果肉放入果汁机中，加入矿泉水搅打均匀成果汁。

4. 取出果汁倒入杯中，加入冰块调匀即可饮用。

功效

　　木瓜具有美白、丰胸等美容功效。让皮肤变得光洁柔嫩，减少皱纹让面色更加红润。

柚子绿茶果汁

原料

柚子1个

菠萝汁100毫升

绿茶粉1小匙

调料

蜂蜜适量

矿泉水适量

做法

1. 将柚子剥去外皮，撕去白膜，去除果核，分成小瓣。

2. 把柚子瓣放入果汁机，加上少许的矿泉水，搅打均匀成柚子汁，倒出。

3. 将绿茶粉放入干净容器内，加入剩余的矿泉水拌均匀。

4. 再加入柚子汁、菠萝汁、蜂蜜调匀成果汁，倒入杯中，即可饮用。

功效

　　菠萝具有清暑解渴、消食止泻、补脾胃、固元气、益气血、消食、祛湿、养颜瘦身等功效。

◐甜、苦 ⏱15分钟

养颜什锦果汁

原料

柚子1/2个

橘子2个

橙子1个

调料

蜂蜜1大匙

冰块适量

做法

1. 将橙子洗净，切成小瓣，去掉外皮及果核，去掉白色筋膜，取出橙子的果肉备用。

2. 将柚子、橘子分别洗净，剥去外皮，去掉果核，分成小瓣。

3. 将橙子果肉、柚子瓣、橘子瓣和蜂蜜放入果汁机中。

4. 用中速搅打成果汁，再倒入杯中，加上冰块调匀即可。

功效

　　橘瓢上白色网状丝络，叫"橘络"，含有一定量的维生素P，有通络、化痰、理气、消滞等功效。

🥄酸、甜、苦 ⏱15分钟

苹果蜜柚汁

原料

柚子1个

苹果1个

调料

蜂蜜1大匙

冰块各适量

矿泉水适量

做法

1. 将柚子剥去外皮，撕去白色的筋络，取下柚子瓣，再去掉果核。

2. 苹果洗净，擦净水分，削去外皮，去掉果核，切成小块。

3. 将柚子瓣、苹果块、蜂蜜全部放入果汁机中，再倒入矿泉水。

4. 用中速搅打均匀成果汁，加入冰块调匀即可。

功效

蜜柚所含的天然维生素P具有强化皮肤毛细孔，加速复原受伤的皮肤组织功能。

◎甜、苦 ⏱10分钟

山楂柚子汁

原料

柚子1/2个

山楂250克

柠檬汁15毫升

调料

蜂蜜1大匙

冰块适量

做法

1. 将柚子剥去外皮，撕去白色的筋络，取下柚子瓣，再去掉果核。

2. 把山楂洗净，去除山楂的果核，放入果汁机中搅打成山楂汁，倒出。

3. 将柚子瓣放入果汁机中，加入山楂汁、柠檬汁、蜂蜜搅打均匀成果汁。

4. 取出果汁倒入杯中，加入冰块调匀即可饮用。

功效

　　柚中含有大量的维生素C，不光能降低血液中的胆固醇，还有增强体质的功效。

◎酸、甜、苦 ⏱15分钟

草莓甜瓜汁

原料
草莓10个
甜瓜1/2个

调料
盐少许
冰块适量
矿泉水适量

做法

1. 将草莓去蒂，放在容器内，加上盐和清水浸泡片刻并洗净，取出草莓，沥净水分，对半切开。

2. 甜瓜洗净，擦净水分，削去外皮，切开后去掉瓜瓤，切成小块。

3. 将草莓、甜瓜块放入果汁机中，加入矿泉水搅打均匀成果汁再倒入杯中，加冰块调匀即可。

功效

香瓜含有的苹果酸、葡萄糖、氨基酸、甜菜茄、维生素C等丰富营养，对感染性高热、口渴等，都具有很好的疗效。

甜 ⏱10分钟

鲜草莓汁

原料	做法
草莓15个	1.将草莓去蒂，放在容器内，加上盐和清水浸泡片刻，取出草莓，沥净水分，对半切开。
调料	2.将草莓放入果汁机中，加入白糖、矿泉水搅打均匀，倒入杯中，加入冰块调匀即可。
盐少许	
白糖2大匙	
冰块适量	
矿泉水适量	

录名果荒十·

火果草莓汁

原料

草莓15个
樱桃30粒

调料

盐少许
白糖2大匙
冰块适量
矿泉水适量

做法

1. 将草莓去蒂，放在容器内，加上盐和清水浸泡片刻并洗净，取出草莓沥净水分，对半切开。

2. 将樱桃洗净，去蒂及果核，放入果汁机内，再放入加工好的草莓调匀。

3. 再加入白糖，倒入矿泉水，中速搅打均匀成果汁，取出倒入杯中，加入冰块调匀即可饮用。

第一章 缤纷鲜果汁

甜 ⏱10分钟

草莓冰淇淋汁

原料

草莓10个

无花果1个

冰淇淋60克

调料

盐少许

矿泉水适量

做法

1. 将草莓去蒂，放在容器内，加上盐和清水浸泡并洗净，取出，沥净水分，对半切开。

2. 将无花果剥去外皮，切成小块，放在果汁机内，加入草莓、矿泉水、冰淇淋搅打均匀成果汁，倒入杯中即可饮用。

草莓西红柿汁

原料
草莓10个
西红柿1个
柠檬汁适量

调料
蜂蜜1小匙
冰块适量
矿泉水适量

做法

1. 将草莓去蒂，用淡盐水浸泡并洗净，取出，沥净，切成两半。

2. 将西红柿去蒂，洗净，在表面剖上十字花刀，用热水稍烫一下，剥去外皮，切成小块。

3. 将草莓、西红柿块放入果汁机中，中速搅打均匀成果汁。

4. 把果汁倒入杯中，加入蜂蜜、柠檬汁、矿泉水、冰块调匀即可。

🍵酸、甜 ⏱15分钟

养颜椰汁

原料

椰子1个

调料

白糖1大匙

冰糖2大匙

冰块适量

矿泉水适量

做法

1. 用开椰器在椰子的表面打出一个小洞，再倒出椰子原汁。

2. 净锅置火上，加入矿泉水烧沸，再加入冰糖、白糖熬煮至溶化，离火晾凉，用细筛过滤去掉杂质，取净冰糖水。

3. 将椰汁分别倒入杯中，先加晾凉的冰糖水调匀，再加入冰块调匀成果汁，即可饮用。

功效

椰子性味甘，平。果肉汁补虚，生津，利尿，杀虫，用于心脏病水肿，口干烦渴；果壳祛风，利湿，止痒，外用治体癣，脚癣。

甜 20分钟

椰香芦荟汁

原料
椰子1个
芦荟100克
薄荷叶3片

调料
白糖2大匙
冰糖适量
矿泉水适量

做法

1. 将椰了用开椰器打出 个小洞，然后再倒出椰汁原汁。

2. 将芦荟洗净，削去外皮，取芦荟果肉，放入沸水锅内焯烫一下，捞出。

3. 把芦荟果肉放入冷水中过凉，沥水，切成小块，放入果汁机，加上白糖、冰糖、矿泉水搅打均匀成芦荟汁。

4. 把芦荟汁、椰汁、薄荷叶放入杯中调匀，即可饮用。

甜 ⏱15分钟

芦荟甘蔗汁

原料

甘蔗500克

芦荟汁15毫升

椰汁15毫升

调料

冰块适量

矿泉水适量

做法

1. 将甘蔗洗净，削去外皮，去掉甘蔗节，再剁成大小均匀的块。

2. 将甘蔗块放入果汁机中，先倒入矿泉水，用高速搅打成果汁，取出果汁，过滤去掉杂质，取净甘蔗汁。

3. 把甘蔗汁倒入杯中，加入芦荟汁、椰汁调匀，加入冰块调匀，即可饮用。

功效

甘蔗中含有丰富的糖分、水分，此外，还含有对人体新陈代谢非常有益的各种维生素、脂肪、蛋白质、有机酸、钙、铁等物质。

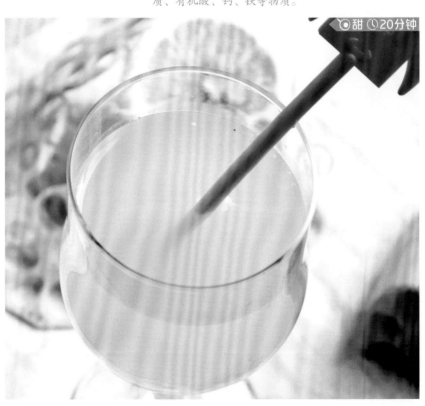

甜 ①20分钟

甘蔗荸荠汁

原料

甘蔗300克
荸荠250克

调料

冰糖3大匙

做法

1. 将甘蔗洗净，削去外皮，去掉甘蔗节，先剁成10厘米的长段，再从中间劈成小条。

2. 将荸荠用清水洗净，沥净水分，削去外皮，再拍成碎粒。

3. 净锅置火上，加入适量清水烧沸，放入甘蔗条、荸荠，用小火煮约1小时。

4. 再放入冰糖，继续煮至冰糖溶化，离火，晾凉，过滤去掉杂质，取净果汁即可。

功效

　　荸荠中含的磷是根茎类蔬菜中较高的，能促进人体生长发育和维持生理功能的需要，对牙齿骨骼的发育有很大好处。

第一章　缤纷鲜果汁

第二章

清爽蔬菜汁

胡萝卜西红柿汁

原料
西红柿3个
胡萝卜1根

调料
蜂蜜1大匙
冰块适量

做法

1. 将西红柿去蒂，洗净，在表面剞上十字花刀，用热水稍烫一下剥去外皮，切成小块。

2. 将胡萝卜洗净，去根，削去外皮，切成小块。

3. 将西红柿块、胡萝卜块放入果汁机中，用中速搅打成汁。

4. 把果汁倒入杯中，加入蜂蜜、冰块调匀，即可饮用。

◎甜 ⏱20分钟

酸、甜 ⏱15分钟

西红柿橘汁

原料
西红柿1个
橘子1个
柠檬汁15毫升

调料
蜂蜜2小匙
矿泉水适量

做法

1. 将西红柿去蒂，洗净，在表面剞上十字花刀，用热水烫一下剥去外皮，切成小块，放入碗中备用。

2. 橘子剥去外皮及果核，切成小瓣，再除去白膜，放入果汁机中。

3. 再加入西红柿块，倒入矿泉水、柠檬汁、蜂蜜搅打均匀，倒入杯中即可饮用。

甜 15分钟

洋葱西红柿汁

原料

西红柿1个
洋葱1/3个
油菜花50克

调料

盐少许
矿泉水适量

做法

1. 将西红柿去蒂，用清水洗净，在表面剞上十字花刀，用热水稍烫一下剥去外皮，切成大块。

2. 洋葱洗净，去皮，切成小块，再包上保鲜膜，放入微波炉中加热1分钟，取出。

3. 将油菜花洗净，放入沸水锅中略煮，捞出，沥净水分，切成小段。

4. 将西红柿块、洋葱块、油菜花段放入果汁机中，加入矿泉水、盐搅打均匀成汁，倒入杯中即可饮用。

西芹西红柿洋葱汁

原料

西红柿3个（约300克）

西芹100克

洋葱1/2个

调料

矿泉水适量

做法

1. 将西红柿去蒂，洗净，表面剞上十字花刀，用热水稍烫一下剥去外皮，切成小块；洋葱剥去老皮，洗净，切成小块；西芹择洗干净，取嫩茎，切成小段。

2. 将西红柿块放入果汁机中，再加入洋葱块、西芹段。

3. 加入矿泉水搅打均匀，倒入杯中，即可饮用。

甜 ⓘ10分钟

西红柿西芹黄瓜汁

原料

西红柿1个

西芹250克

黄瓜1根

调料

矿泉水适量

做法

1. 将西红柿洗净，去蒂，在表面剞上十字花刀，用热水稍烫一下剥去外皮，切成小块，放入果汁机内打成西红柿汁，取出；西芹择洗干净，切成小段；黄瓜洗净，切成段。

2. 将西芹段、黄瓜段放入果汁机内，再加入西红柿汁、矿泉水调匀，用中速搅打均匀成汁，取出倒入杯中，即可饮用。

西红柿柳橙汁

原料

西红柿2个（约200克）

胡萝卜1根

橙子1/2个

西芹1/3棵

柠檬汁30毫升

调料

蜂蜜2大匙

碎冰块适量

做法

1. 将西红柿去蒂，洗净，在表面剞十字花刀，放入沸水锅中略烫一下，捞出冲凉，去除外皮，切成小块。

2. 将胡萝卜洗净，去皮，切成小块；橙子切成小瓣，去掉外皮及果核，去掉白色筋膜，取出橙子的果肉备用；西芹择洗干净，去除老筋，切成小段。

3. 将西红柿块、胡萝卜块、橙子果肉、西芹段放入果汁机中，加入柠檬汁、蜂蜜搅打均匀，再倒入杯中，加入冰块调匀即可。

功效

　　西红柿中含有对人体有帮助的西红柿红素，可以降低心血管疾病、防癌抗癌。

酸、甜 ⏱20分钟

西红柿梨汁

原料

西红柿1个

白梨1/2个

核桃仁25克

调料

蜂蜜2大匙

矿泉水适量

做法

1. 将西红柿去蒂,洗净,在表面剞十字花刀,用热水稍烫一下,剥去外皮,再切成大块。

2. 白梨洗净,削去外皮,切开成两半,去掉果核,切成小块;核桃仁用温水浸泡片刻,取出,剥去皮,压成碎粒。

3. 将西红柿块、白梨块、核桃仁碎放入果汁机中,加入矿泉水、蜂蜜搅打均匀成汁,倒入杯中即可饮用。

功效

西红柿性甘、酸、微寒,归肝、胃、肺经;具有生津止渴,健胃消食,清热解毒,凉血平肝,补血养血和增进食欲的功效。可治口渴,食欲不振。

甜 ⏱20分钟

西红柿香橙柠檬汁

原料

西红柿1个
橙子3个
柠檬汁20克

调料

糖油50克
矿泉水适量

做法

1. 将西红柿去蒂，洗净，表面剞十字花刀，用热水稍烫一下，剥去外皮，切成小块，放入榨汁机中榨取西红柿汁，取出；橙子剥去外皮，去掉内膜，取净橙肉。

2. 将橙肉、西红柿汁、糖油、矿泉水一同放入果汁机中，中速搅打均匀成汁，取出蔬菜汁，倒入杯中调匀，即可饮用。

◎酸、甜 ⓒ15分钟

豌豆卷心菜西红柿汁

原料
西红柿1个
卷心菜100克
青豌豆50克

调料
盐少许
矿泉水适量

做法

1. 将西红柿去蒂，洗净，表面剞上十字花刀，用热水稍烫一下，剥去外皮，切成大块。

2. 将卷心菜去根，取嫩菜叶，与洗净的青豌豆一起放入沸水锅中略煮，捞出卷心菜叶、青豌豆，沥净水分。

3. 将西红柿块、卷心菜叶、青豌豆放入果汁机中，加入矿泉水、盐搅打均匀成汁，倒入杯中，即可饮用。

功效

卷心菜能提高人体免疫力，预防感冒，保障癌症患者的生活质量。

甜 20分钟

西红柿蔬果汁

原料

西红柿1个
苹果1个
青椒2个

调料

白糖1大匙
冰块适量

做法

1. 青椒洗净，去蒂，去子，切成小片；将苹果洗净，去掉外皮及果核，切成小块。

2. 西红柿去蒂，洗净，表面剞上十字花刀，用热水稍烫一下，剥去外皮，切成大块。

3. 将西红柿块、苹果块、青椒片全部放入果汁机中搅打均匀成汁。

4. 再把果汁取出，倒入杯中，加入白糖、冰块调匀即可。

功效

　　西红柿主治寒滞腹痛，呕吐、泻痢，冻疮，脾胃虚寒，伤风感冒等症。

第二章 清爽蔬菜汁

甜 ⏱15分钟

马铃薯蜜汁

原料	做法
马铃薯500克	1. 将马铃薯洗净，削去外皮，切成小块，再放入果汁机中，搅打成马铃薯汁。
调料	2. 净锅置火上，加入矿泉水，倒入榨好的马铃薯汁，用小火煮至黏稠。
蜂蜜2大匙 糖桂花1小匙 冰块适量 矿泉水适量	3. 再加入糖桂花、蜂蜜搅拌均匀，离火晾凉，倒入容器内，加上冰块调匀，再倒入杯中，即可饮用。

蚕豆马铃薯汁

原料

马铃薯150克
蚕豆10粒
黄麻叶少许

调料

盐少许
矿泉水适量

做法

1. 将马铃薯削去外皮，切成小块，再放入沸水锅中煮5分钟至软，捞出沥干。

2. 蚕豆剥去外皮，用清水洗净，放入清水锅内，再加上洗净的黄麻叶煮几分钟，取出蚕豆、黄麻叶，用冷水过凉，沥水。

3. 将马铃薯块、蚕豆、黄麻叶放入果汁机，加入矿泉水、盐搅打均匀成汁，取出，倒入杯中调匀即可。

第二章 清爽蔬菜汁

甜 ⏱15分钟

马铃薯豆浆汁

原料

马铃薯100克

青豌豆30克

熟豆浆250毫升

调料

盐少许

做法

1. 将马铃薯削去外皮，用清水浸泡并洗净，捞出，切成小块。

2. 净锅置火上，放入清水烧沸，下入马铃薯块，用中小火煮软，捞出马铃薯沥干。

3. 青豌豆洗净，放入清水锅内煮3分钟，捞出，用冷水过凉，沥水。

4. 将马铃薯块、青豌豆放入果汁机中，加入熟豆浆、盐搅打均匀成汁，倒入杯中饮用即可。

功效

　　土豆中含有丰富的膳食纤维，有助促进胃肠蠕动，疏通肠道的功效。

甜菜胡萝卜汁

原料

胡萝卜250克
甜菜1/2个

调料

蜂蜜1大匙
白糖2大匙

做法

1. 将胡萝卜洗净，擦净水分，去掉根，削去外皮，再切成块。

2. 把甜菜洗净，切成小块，放入清水锅内稍煮片刻，取出用冷水过凉，沥水。

3. 将胡萝卜块、甜菜块、白糖放入果汁机中搅打均匀成汁。

4. 取出后倒入杯中，加入蜂蜜调匀，即可饮用。

功效

甜菜具有治疗贫血、感冒、便秘、高血压，预防癌症，健胃，美容。

甜 ⏱10分钟

第二章 清爽蔬菜汁

胡萝卜苦瓜汁

原料

胡萝卜1根
苦瓜1/2条

调料

盐少许
蜂蜜适量
矿泉水适量

做法

1. 将胡萝卜洗净，擦净水分，去掉菜根，削去外皮，切成块。

2. 苦瓜洗净，顺长切成两半，去掉苦瓜瓤，去子，加上盐轻轻揉搓片刻，再换清水洗净，沥净水分，切成小块。

3. 将胡萝卜块、苦瓜块放入果汁机中，加入矿泉水、蜂蜜搅匀成汁，倒在杯中，即可饮用。

功效

此饮品清热解暑，明目解毒。

◎甜、苦 ⓘ10分钟

胡萝卜姜汁蜜饮

原料

胡萝卜1/2根
姜块25克
汽水300毫升

调料

蜂蜜1大匙

做法

1. 将胡萝卜洗净，擦净水分，去掉根，削去外皮，再切成块。

2. 姜块洗净，削去外皮，放容器内捣烂成姜汁，再加入汽水调匀成姜汁汽水。

3. 将胡萝卜块放入果汁机中，先加入蜂蜜和100毫升姜汁汽水打细。

4. 再放入剩下的姜汁汽水搅匀，即可取出，倒入杯中饮用。

功效

　姜具有味辛，性温。能开胃止呕，化痰止咳，发汗解表。

◎甜、辣 ⏱20分钟

第二章 清爽蔬菜汁

胡萝卜苹果汁

原料

胡萝卜1根
苹果1/2个
苹果汁100毫升
柠檬汁20毫升

调料

蜂蜜1大匙
冰块适量

做法

1. 将胡萝卜洗净，擦净水分，去掉根，削去外皮，切成小块。

2. 苹果洗净，削去外皮，切成两半，去掉果核，再切成菱形块。

3. 将胡萝卜块、苹果块放入果汁机中，加入苹果汁、柠檬汁、蜂蜜搅打均匀。

4. 再用滤网把果汁滤入杯中，加入冰块调匀，即可饮用。

酸、甜 ⏱15分钟

洋葱胡萝卜汁

原料

胡萝卜100克

西芹50克

生菜叶30克

洋葱25克

调料

盐少许

矿泉水适量

做法

1. 将胡萝卜洗净，去皮，切成小块；西芹择洗干净，去除老筋，切成小段。

2. 将洋葱剥去老皮，洗净，切成小块；生菜叶洗净，撕成大片。

3. 将胡萝卜块、西芹段、生菜叶片和洋葱块全部放入果汁机中。

4. 加入矿泉水搅打均匀成汁，再倒入杯中，用少许盐调匀即可。

第二章 清爽蔬菜汁

139

甜、苦 ⏱10分钟

胡萝卜橘子汁

原料

胡萝卜1根

橘子1个

葡萄柚（西柚）1/2个

调料

蜂蜜1大匙

冰块适量

做法

1. 将胡萝卜洗净，擦净水分，去掉根，削去外皮，切成小块。

2. 橘子剥去外皮，去掉果核，剥成橘子小瓣，再除去白膜；将葡萄柚切成小瓣，去皮及果核，取出果肉。

3. 将胡萝卜块、橘子瓣、葡萄柚瓣放入果汁机中，加入蜂蜜搅打均匀成汁，取出，倒入杯中，加上冰块调匀即可饮用。

萝卜香橙胡萝卜汁

原料

胡萝卜200克

白萝卜150克

柠檬1/2个

橙子1个

调料

矿泉水适量

做法

1. 胡萝卜、白萝卜分别洗净，去掉根，削去外皮，切成大小均匀的块；柠檬、橙子分别洗净，榨取柠檬汁、橙汁。

2. 将胡萝卜块、白萝卜块放入果汁机内，倒入橙汁、柠檬汁和矿泉水调匀。

3. 用中速搅打均匀成汁，取出，倒入杯中调匀，即可饮用。

甜、苦 ○15分钟

胡萝卜蔬菜汁

原料

胡萝卜200克

茼蒿100克

绿豆芽75克

调料

蜂蜜适量

矿泉水适量

做法

1. 将胡萝卜洗净，去掉根，削去外皮，切成块，放入沸水锅中煮软，捞出。

2. 茼蒿去根和老叶，洗净，用沸水略焯一下，捞出过凉，切成小段；绿豆芽掐去两端，再用清水洗净。

3. 将胡萝卜块、茼蒿段、绿豆芽放入果汁机中，加入矿泉水、蜂蜜搅打均匀成汁，倒入杯中即可饮用。

胡萝卜卷心菜蜜汁

原料
胡萝卜1根
卷心菜100克
红椒50克

调料
蜂蜜2大匙
矿泉水适量

做法

1. 将胡萝卜洗净，去掉根，削去外皮，切成小块，放入沸水锅中煮2分钟，捞出胡萝卜块，放入冷水中过凉，沥水。

2. 卷心菜取嫩菜叶，洗净，撕成大片；红椒洗净，去蒂，去子，切成块。

3. 将胡萝卜块、卷心菜叶片、红椒块放入果汁机中，加入矿泉水、蜂蜜搅打均匀成汁，倒入杯中即可饮用。

甜、辣　15分钟

胡萝卜橙子汁

原料

胡萝卜3根
橙子2个

调料

矿泉水适量

做法

1. 将胡萝卜洗净，去皮，切成小块；橙子洗净，切成小瓣，去掉外皮及果核，去掉白色筋膜，取其果肉备用。

2. 将胡萝卜块、橙子果肉、矿泉水放入果汁机中搅打成汁，倒入杯中即可饮用。

功效

　　橙子含有丰富的维生素C、钙、磷、钾、β－胡萝卜素、柠檬酸、橙皮甙以及醛、醇、烯等物质。

甜 15分钟

胡萝卜葡萄柚汁

原料

胡萝卜200克

葡萄柚（西柚）1个

橙子1个

调料

蜂蜜2大匙

矿泉水适量

做法

1. 将胡萝卜洗净，去掉根，削去外皮，切成小块，放入沸水锅内煮软，取出。

2. 将葡萄柚、橙子分别洗净，切成小瓣，去掉外皮及果核，取出果肉备用。

3. 将胡萝卜块、葡萄柚果肉、橙子果肉和蜂蜜放入果汁机中。

4. 再加入矿泉水，用中速搅打均匀成汁，倒入杯中即可饮用。

甜、苦 🕐15分钟

胡萝卜红椒汁

原料

胡萝卜1根
红椒1/2个
柠檬汁25毫升

调料

蜂蜜1大匙
冰糖2大匙
矿泉水适量

做法

1. 将胡萝卜洗净，去皮，切成小块，再放入沸水锅中煮软，捞出沥干。

2. 红椒洗净，去蒂，去子，切成小块；冰糖砸碎成小粒。

3. 将胡萝卜块、红椒块、碎冰糖、柠檬汁、蜂蜜放入果汁机中。

4. 加入矿泉水调匀，用中速搅打均匀成汁，倒入杯中，即可饮用。

功效

β－胡萝卜是一种抗氧化物，可减少心脏病及癌症产生。

酸、甜、辣 ⏱15分钟

胡萝卜豌豆汁

原料

胡萝卜1/2根

豌豆60克

竹笋50克

熟豆浆120毫升

调料

盐少许

做法

1. 将胡萝卜洗净，切块；豌豆洗净；竹笋去皮，洗净，切成大块。

2. 锅中加入清水和少许盐烧沸，倒入胡萝卜块、竹笋块和豌豆煮软，捞出沥水分。

3. 将胡萝卜块、豌豆、竹笋块放入果汁机中，加入熟豆浆、盐搅打均匀，倒入杯中即可饮用。

功效

  竹笋不仅能促进肠道蠕动，帮助消化，去积食，防便秘，并有预防大肠癌的功效。

甜、辣 ⏱10分钟

青椒西红柿汁

原料

青椒2个
西红柿1个
苹果1个

调料

蜂蜜适量
矿泉水适量

做法

1. 将青椒洗净，去蒂，去子，切成大块；苹果洗净，去掉外皮及果核，切成小块。

2. 西红柿去蒂，洗净，表面剞上十字花刀，用热水稍烫一下，剥去外皮，切成块。

3. 将青椒块、西红柿块、苹果块和蜂蜜全部放入果汁机中。

4. 加入矿泉水，中速搅打均匀成汁，取出倒入杯中，即可饮用。

红椒蜜桃芦荟汁

原料

红椒100克
水蜜桃(罐头)2块
芦荟(罐头)50克
桃汁(罐头)15毫升

调料

冰块适量
矿泉水适量

做法

1. 将红椒洗净，去蒂，去子，切成大小均匀的小块；取出水蜜桃，切成小块；再取出芦荟，也切成块。

2. 将红椒块、水蜜桃块、芦荟块和桃汁全部放入果汁机中。

3. 倒入矿泉水，搅打均匀成汁，倒入杯中，加入冰块调匀，即可饮用。

甜、辣 ⓒ20分钟

苹果芦荟黄椒汁

原料
黄椒1个
苹果1/2个
芦荟50克

调料
白砂糖1大匙
矿泉水适量

做法

1. 将黄椒洗净，去蒂，去子，切成大块；苹果洗净，削去外皮，去掉果核，切成小块。

2. 把芦荟去根，削去外皮，取芦荟果肉，放入沸水锅内煮2分钟，捞出用冷水过凉，沥水，切成小块。

3. 将黄椒块、苹果块、芦荟块放入果汁机中，加入矿泉水、白砂糖搅打均匀成汁，倒入杯中即可饮用。

录孟果流十

黄椒西芹青瓜汁

原料

黄椒1个

黄瓜1/2根

西芹1/3棵

调料

盐少许

矿泉水适量

做法

1. 将黄椒洗净，去蒂，去子，切成大块；黄瓜洗净，削去外皮，切成小块。

2. 西芹去根，去掉菜叶，用清水浸泡并洗净，沥水，再去除老筋，切成小段。

3. 将黄椒块、西芹段、黄瓜块放入果汁机中，加入矿泉水、盐调匀。

4. 再用中速搅打成汁，倒入玻璃杯中搅匀，即可饮用。

◖甜、辣 ⏱15分钟

青椒黄瓜柚子汁

原料

青椒1个

黄瓜1/2根

柚子汁15毫升

调料

白砂糖1大匙

矿泉水适量

做法

1. 将青椒洗净，去蒂，去子，切成小块；黄瓜洗净，切成小块。

2. 将青椒块、黄瓜块放入果汁机中，加入矿泉水、柚子汁、白砂糖搅打均匀成果蔬汁，倒入杯中即可饮用。

功效

青椒解热、镇痛，通过发汗降低体温，有解热镇痛作用。

◎甜、辣、苦 ⏱10分钟

小白菜黄椒汁

原料

黄椒1/2个

小白菜1棵

熟豆浆100毫升

白芝麻少许

调料

蜂蜜2大匙

做法

1. 将黄椒洗净，去蒂，去子，切成大块；将小白菜去根和老叶，洗净，切成小段。

2. 将黄椒块、小白菜段放入果汁机中，加入熟豆浆、蜂蜜、白芝麻搅打均匀成汁，倒入杯中即可饮用。

功效

小白菜可促进人体新陈代谢，具有清肝的作用。

甜、辣 ⏱15分钟

西芹苹果黄椒汁

原料

黄椒1个
苹果1/2个
西芹1/3棵

调料

蜂蜜2大匙
矿泉水适量

做法

1. 将黄椒用清水洗净，沥净水分，去蒂，去子，再切成大块。

2. 苹果削去外皮，切开后去掉果核，再切成小块；西芹洗净，去根和老叶，再去除老筋，切成小段。

3. 将黄椒块、苹果块、西芹段放入果汁机中，加入矿泉水、蜂蜜搅打均匀成汁，倒入杯中，即可饮用。

◎甜、辣 ①20分钟

黄瓜青椒柠檬汁

原料

青椒1个
黄瓜1/2根
柠檬1/3个

调料

蜂蜜2大匙
矿泉水适量

做法

1. 将青椒洗净，沥净水分，去蒂，去子，切成大块；黄瓜刷洗干净，沥水，切成小块。

2. 把柠檬洗净，削去外皮，切成小块，用压汁器榨取柠檬汁。

3. 将青椒块、黄瓜块、柠檬汁、蜂蜜全部放入果汁机中。

4. 再加入矿泉水，中速搅打均匀成汁，取出，倒入杯中，即可饮用。

第二章 清爽蔬菜汁

甜 ⏱10分钟

香橙白萝卜汁

原料	做法
白萝卜300克	1. 将白萝卜洗净，擦净水分，去掉萝卜根，削去外皮，切成长条。
橙子2个	
调料	2. 将橙子洗净，切成小瓣，去掉外皮及果核，去掉白色筋膜，取出橙子的果肉备用。
冰块适量	
	3. 将白萝卜条、橙子果肉放入果汁机中搅打均匀成汁。
	4. 取出，倒入杯中，加入冰块调匀，即可饮用。

白萝卜苹果汁

原料

白萝卜1/2根（约200克）

苹果1/2个

汽水150毫升

调料

冰块适量

做法

1. 将白萝卜洗净，擦净水分，去掉萝卜根，削去外皮，切成长条。

2. 苹果洗净，削去外皮，切开成两半，去掉果核，再切成小块。

3. 将白萝卜块、苹果块放入果汁机中，加入汽水搅打均匀。

4. 取出，倒入杯中，加入冰块调匀，即可饮用。

录名果蔬汁

酸、甜 ⏱20分钟

白萝卜果蔬汁

原料

白萝卜1个（约200克）
胡萝卜2根
芹菜2棵
柠檬1/2个

调料

蜂蜜适量
矿泉水适量

做法

1. 将白萝卜、胡萝卜分别洗净，去掉根，削去外皮，切成小块。

2. 芹菜择洗干净，切成小段；柠檬去皮及果核，切成小片。

3. 将白萝卜块、胡萝卜块、芹菜段、柠檬片放入果汁机中。

4. 加入矿泉水搅打均匀成汁，倒入杯中，加入蜂蜜调匀即可。

功效

　　萝卜味甘、辛、性凉，入肝、胃、肺、大肠经；具有清热生津、凉血止血、下气宽中、消食化滞、开胃健脾、顺气化痰的功效。

白萝卜美白汁

原料

白萝卜100克

苹果1个

橙子1/2个

汽水150毫升

调料

蜂蜜2大匙

做法

1. 将白萝卜洗净，去皮，切成小块；苹果洗净，去掉皮及果核，切成小块。

2. 将橙子洗净，切成小瓣，去外皮及果核，去掉白色筋膜，取出橙子的果肉备用。

3. 将白萝卜块、苹果块、橙子果肉放入果汁机中，加入汽水搅打均匀成汁。

4. 取出果汁，倒入杯中，加入蜂蜜调匀，即可饮用。

功效

白萝卜入肺，性甘平辛，归肺脾经，具有下气、消食、除疾润肺、解毒生津，利尿通便的功效。

甜 ⓘ15分钟

萝卜黄瓜卷心菜汁

原料

白萝卜200克

黄瓜1/2根（约125克）

卷心菜100克

调料

盐少许

矿泉水适量

做法

1. 将白萝卜洗净，去皮，切成小块；黄瓜洗净，切成小块。

2. 把卷心菜去根，去老叶，取嫩菜叶洗净，放入沸水锅中略煮，捞出用冷水过凉，沥净水分，撕成大片。

3. 将白萝卜块、卷心菜叶片、黄瓜块放入果汁机中，加入矿泉水、盐搅匀成汁，倒入杯中即可饮用。

◎甜 ①10分钟

白萝卜西红柿汁

原料

白萝卜150克

西红柿1个

黄瓜1/2根

调料

矿泉水适量

做法

1. 将白萝卜用清水洗净，沥净水分，去根，去皮，切成小块。

2. 黄瓜洗净，削去外皮，切成大块；西红柿去蒂，洗净，也切成块。

3. 将白萝卜块、西红柿块、黄瓜块和盐放入果汁机中。

4. 再加入矿泉水，用中速搅打成汁，取出，倒在杯中即可。

甜 ⏱10分钟

第二章 清爽蔬菜汁

油菜萝卜酸橘汁

原料

白萝卜1/2个（约200克）

油菜心100克

酸橘汁30毫升

调料

蜂蜜3大匙

矿泉水适量

做法

1. 将白萝卜用清水洗净，沥净水分，去根，去皮，切成小块。

2. 将油菜心洗净，放入沸水锅中焯烫一下，捞出，沥净水分，切成小段。

3. 将白萝卜块、油菜段放入果汁机中，加入矿泉水、酸橘汁、蜂蜜搅打均匀，倒入杯中即可。

功效

油菜中所含的植物激素，能够增加酶的形成，对进入人体内的致癌物质有吸附排斥作用，具有防癌功效。

酸、甜 ⊙15分钟

美肤芹菜汁

原料

西芹3棵
甜菜根少许

调料

盐少许
蜂蜜1大匙
矿泉水适量

做法

1. 将西芹去掉根，用清水洗净(保留西芹叶子)，再除去老筋，切成小段。

2. 把甜菜根用淡盐水浸泡并洗净，取出，沥水，削去外皮，切成小块。

3. 将西芹段、甜菜根块放入果汁机中，加入矿泉水搅打均匀成汁。

4. 取出，倒入杯中，加入蜂蜜调匀，即可饮用。

甜 ⓒ10分钟

西芹蜂蜜汁

原料	做法

原料
西芹3棵

调料
蜂蜜1大匙
冰块适量

做法

1. 将西芹去掉根，用清水洗净(保留西芹叶子)，再除去老筋，切成小段。

2. 净锅置火上，放入清水烧沸，下入西芹段焯烫一下，捞出用冷水过凉，沥水。

3. 将西芹段放入果汁机中，加入蜂蜜搅匀。

4. 取出，倒入杯中，加入冰块调匀，即可饮用。

酸、甜 ⏱15分钟

芹笋柠檬汁

原料

西芹3棵

芦笋5根

柠檬汁15毫升

调料

白糖2大匙

矿泉水适量

做法

1. 将西芹去掉根，用清水洗净(保留西芹叶子)，再除去老筋，切成小段。

2. 芦笋洗净，切去根，削去老皮，切成5厘米长的小段，放入果汁机内。

3. 再加上西芹段、白糖和矿泉水，用中速搅打均匀成汁。

4. 取出倒入杯中，加上柠檬汁调匀，即可饮用。

第二章 清爽蔬菜汁

甜 ⏱10分钟

西芹鲜桃汁

原料

西芹2棵

水蜜桃(罐头)2块

桃汁(罐头)30毫升

牛奶100毫升

调料

冰块适量

做法

1. 将西芹去根，去叶，用清水浸泡并洗净，取出，沥净水分，去除老筋，切成小段；取出水蜜桃，切成小块。

2. 将西芹段、水蜜桃块放入果汁机中，加入牛奶、桃汁搅打均匀成汁。

3. 取出，倒入杯中，加入冰块调匀，即可饮用。

养颜芹菜汁

原料

芹菜2棵
红椒1/2个
菠萝1/5个（约100克）
酸奶30毫升

调料

矿泉水300毫升

做法

1. 将芹菜择洗干净，沥净水分，切成小段；红椒洗净，去蒂，去子，切成小片。

2. 菠萝削去外皮，去掉果眼，放入淡盐水中浸泡片刻，捞出，切成小块。

3. 将芹菜段、菠萝块、红椒片放入果汁机中，先加入酸奶和200毫升矿泉水打稀。

4. 再倒入剩下的100毫升矿泉水搅匀，盛入杯中即可饮用。

🔊酸、辣 ⏱15分钟

卷心菜西芹橘子汁

原料

西芹1棵
橘子1个
卷心菜叶50克

调料

蜂蜜2大匙
矿泉水适量

做法

1. 将西芹去根和叶，用清水洗净，沥水，去除老筋，切成小段。

2. 卷心菜取嫩菜叶，洗净，撕成大块；橘子去皮及果核，剥成小瓣。

3. 将西芹段、卷心菜叶、橘子瓣和蜂蜜全部放入果汁机中。

4. 再加入矿泉水，中速搅打均匀成汁，倒入杯中，即可饮用。

功效

　　卷心菜对胃溃疡有着很好的治疗作用，能加速创面愈合，是胃溃疡患者的有效食品。

甜 ⏱10分钟

减肥蔬菜汁

原料

西红柿200克
西芹150克
胡萝卜1根
柠檬1/2个

调料

白糖2大匙
冰块适量

做法

1. 将西红柿、柠檬分别洗净，分别榨取西红柿汁、柠檬汁；西芹择洗干净，切成小段；胡萝卜洗净，去皮，切成小块。

2. 将西芹段、胡萝卜块放入果汁机内，先加上白糖搅打均匀。

3. 再加入西红柿汁、柠檬汁搅打均匀成汁，倒入杯中，加入冰块调匀即可。

◎酸、甜 ⏱20分钟

西芹生菜苹果汁

原料

西芹1棵
苹果1/2个
生菜75克

调料

蜂蜜2大匙
矿泉水适量

做法

1. 将西芹去掉根和老叶，用清水洗净，沥水，去除老筋，切成小段。

2. 生菜去掉根，取嫩生菜叶，洗净，撕成大片；苹果洗净，削去外皮，切成两半，去掉果核，再切成小块。

3. 将西芹段、苹果块、生菜叶片和蜂蜜全部放入果汁机中。

4. 再加入矿泉水，搅打均匀成汁，倒入杯中，即可饮用。

功效

生菜具有镇痛催眠、降低胆固醇、辅助治疗神经衰弱、利尿、促进血液循环等功效。

甜 ⏱15分钟

降压果蔬汁

原料

西芹50克

猕猴桃2个

菠萝150克

雪梨1个

薄荷叶3片

调料

矿泉水适量

做法

1. 西芹择洗干净，切成小段；猕猴桃去皮，取果肉，切成小块；菠萝、雪梨分别去皮，洗净，也切成块。

2. 将猕猴桃块、菠萝块、西芹段、雪梨块和薄荷叶放入果汁机中。

3. 再加入矿泉水，用中速搅打均匀成汁，倒入杯中调匀，即可饮用。

酸 ⏱10分钟

西芹柠檬汁

原料

西芹3棵
芦笋5根
柠檬1/2个

调料

矿泉水适量

做法

1. 将柠檬洗净，削去外皮，去掉子，再放入果汁机中，榨取柠檬汁。

2. 西芹去掉根，剥去西芹老叶，洗净，切成小段；芦笋去根，洗净，削去老皮，切成5厘米长的小段。

3. 把西芹段、芦笋段放入果汁机中，加入矿泉水搅打成汁。

4. 取出倒入杯中，加入柠檬汁调匀，即可饮用。

柠檬紫苏西芹汁

原料

西芹3棵
紫苏叶5片
柠檬1/2个

调料

盐少许
冰块适量

做法

1. 将柠檬洗净，削去外皮，去子，再放入果汁机中，榨取柠檬汁。

2. 西芹去掉根，剥去西芹老叶，洗净，切成小段；紫苏叶放容器内，加上盐和清水洗净，沥水，切成碎粒。

3. 将西芹段、紫苏叶碎粒放入果汁机中，加入柠檬汁搅打均匀成汁。

4. 取出，倒入杯中，加入冰块调匀，即可饮用。

第二章 清爽蔬菜汁

173

小黄瓜汁

原料

小黄瓜6根

调料

盐1小匙

蜂蜜1大匙

冰块适量

矿泉水适量

做法

1. 将小黄瓜切去两端，放在容器内，用淡盐水浸泡5分钟。

2. 捞出小黄瓜，换清水洗净，沥净水分，再切成小块。

3. 将小黄瓜块和矿泉水放入果汁机中，中速搅打成汁。

4. 取出，倒入杯中，加入蜂蜜、冰块调匀，即可饮用。

黄瓜冰糖汁

原料

黄瓜400克

调料

盐少许

冰糖适量

做法

1. 将黄瓜切去两端，放在容器内，用淡盐水浸泡5分钟。

2. 捞出黄瓜，换清水洗净，沥净水分，再切成小块；把冰糖砸碎。

3. 将黄瓜块和砸碎的冰糖放入果汁机中，用中速搅打成汁。

4. 取出滤去杂质，倒入杯中，加冰糖调匀即可。

甜 15分钟

第二章 清爽蔬菜汁

黄瓜蜜汁

原料
黄瓜400克

调料
盐少许
蜂蜜2小匙
糖桂花1小匙

做法

1. 将黄瓜切去两端，放在容器内，用淡盐水浸泡5分钟。

2. 捞出黄瓜，沥净水分，削去外皮，去掉子，再切成小块。

3. 将黄瓜块放入果汁机中，加入蜂蜜，中速搅打成汁。

4. 取出，倒入杯中，加入糖桂花、蜂蜜调匀，即可饮用。

◎甜 ○10分钟

香橙青瓜汁

原料
小黄瓜（青瓜）400克
橙子2个

调料
冰块适量
矿泉水适量

做法

1. 将小黄瓜切去两端，用清水洗净，擦净水分，切成小块。

2. 将橙子洗净，切成小瓣，去掉外皮及果核，去掉白色筋膜，取出橙子的果肉备用。

3. 将小黄瓜块、橙子果肉和矿泉水放入果汁机中搅打均匀成汁。

4. 取出，倒入杯中，加入冰块调匀，即可饮用。

甜 ⏱10分钟

紫苏黄瓜生菜汁

原料

黄瓜1根
生菜100克
紫苏叶5片

调料

盐少许
矿泉水适量

做法

1. 将黄瓜放容器内，用淡盐水浸泡5分钟，捞出沥净水分，削去外皮，切成小块。

2. 将生菜去根，取生菜嫩菜叶洗净，撕成大片；紫苏叶洗净，切成碎粒。

3. 将黄瓜块、生菜叶片、紫苏叶碎粒放入果汁机中，加入矿泉水、盐，中速搅打均匀成汁，倒入杯中，即可饮用。

功效

紫苏叶能散表寒，发汗力较强，用于风寒表证，见恶寒、发热、无汗等症，可常配生姜同用。

甜 ⏱20分钟

酸、甜 ⏱15分钟

柠檬青瓜汁

原料

黄瓜250克

柠檬1个

调料

冰块适量

矿泉水适量

做法

1. 将柠檬洗净，切开成两半，去掉柠檬子，用压汁器压榨柠檬汁；将黄瓜洗净，去皮及子，切成小块。

2. 把黄瓜块、柠檬汁、矿泉水一同放入果汁机中，中速搅打成汁，倒入杯中，再加入冰块调匀，即可饮用。

第二章 清爽蔬菜汁

甜 ⏱75分钟

冬瓜茯苓汁

原料
冬瓜皮150克
红豆50克
茯苓15克
鲜荷叶10克

调料
冰糖适量

做法

1. 将冬瓜皮用温水浸泡并洗净，沥水，切成大块；鲜荷叶、茯苓分别洗净。

2. 红豆洗净，再放入清水盆中浸泡20分钟，捞出红豆，沥净水分。

3. 净锅置火上，放入清水烧沸，倒入冬瓜皮块、鲜荷叶、茯苓、红豆调匀。

4. 烧沸后用小火煮约20分钟，过滤去掉杂质，加入冰糖煮溶化，倒入杯中即可。

功效

　　冬瓜含维生素C较多，且钾盐含量高，盐含量较低，需要补充食物的高血压肾脏病、水肿病等患者食之，可达到消肿而不伤正气的作用。

录五果蔬十

双瓜汁

原料

木瓜1/2个
黄瓜1根

调料

糖油30克
冰块适量
矿泉水适量

做法

1. 将木瓜洗净，削去外皮，去掉木瓜的果核，切成小块；黄瓜洗净，削去外皮，去掉黄瓜子，也切成小块。

2. 将木瓜块、黄瓜块、糖油、矿泉水一同放入果汁机中搅打成汁，倒入杯中，再加入冰块调匀即可。

第二章 清爽蔬菜汁

红豆冬瓜汁

原料
冬瓜250克
红豆150克

调料
白糖适量

做法

1. 将冬瓜洗净，擦净水分，切开后去掉冬瓜的瓜瓤，带皮切成块状。

2. 红豆择洗干净，放入清水盆中，浸泡1小时，捞出沥水。

3. 将冬瓜块、红豆放入清水锅中煮沸，再转小火熬煮1小时。

4. 然后加入白糖，继续用小火煮5分钟，滤入杯中，晾凉后即可饮用。

录名果蔬十·

南瓜生菜汁

原料

南瓜150克
生菜叶2片
胡萝卜1根

调料

蜂蜜适量
矿泉水适量

做法

1. 将南瓜去皮，去瓤，切成小块，放入微波炉中加热3分钟，取出。

2. 将生菜叶洗净，撕成大片；胡萝卜洗净，削去外皮，切成小块。

3. 净锅置火上，加入清水烧沸，下入胡萝卜块焯烫至软，捞出沥水。

4. 将南瓜块、生菜叶片、胡萝卜块放入果汁机，加入矿泉水、蜂蜜搅匀成汁即可。

甜 ⏱20分钟

黑芝麻南瓜汁

原料

南瓜1/4个（约250克）
黑芝麻50克
熟豆浆150毫升

调料

蜂蜜1大匙

做法

1. 将南瓜洗净，擦净水分，削去外皮，去掉南瓜瓤，切成小块。

2. 把南瓜块放在盘内，包上保鲜膜，放入微波炉中加热3分钟，取出。

3. 将南瓜块放入果汁机中，加入熟豆浆、蜂蜜搅打均匀成汁。

4. 取出，倒入杯中，加上少许黑芝麻拌匀，即可饮用。

功效

　　黑芝麻中所含亚油酸可降低血中胆固醇含量，并有防治动脉硬化作用。

🍥甜 🕐15分钟

南瓜豆浆汁

原料

南瓜150克

水发黄豆100克

玉米片50克

熟豆浆150毫升

调料

蜂蜜2大匙

做法

1. 将南瓜洗净，擦净水分，削去外皮，去掉南瓜瓤，切成小块。

2. 把南瓜块放在盘内，包上保鲜膜，放入微波炉中加热3分钟，取出。

3. 将水发黄豆剥去外膜，放在果汁机内，再加上南瓜块、玉米片调匀。

4. 放入熟豆浆、蜂蜜搅打均匀，倒入杯中即可。

功效

南瓜可防治糖尿病、降低血糖.保护胃粘膜、帮助消化,消除致癌物。

甜 🕐15分钟

第二章 清爽蔬菜汁

苦瓜豆浆汁

原料
苦瓜250克
水发黄豆100克
熟豆浆150毫升
调料
蜂蜜1大匙
矿泉水适量

做法

1. 将苦瓜洗净，擦净水分剖成两半，再去掉苦瓜瓤、苦瓜子，切成小块。

2. 水发黄豆剥去外膜，放入榨汁机内，倒入矿泉水，用中速搅打成黄豆浆。

3. 把黄豆浆放入烧热的锅内煮10分钟，离火晾凉，过滤去掉杂质成熟豆浆。

4. 将苦瓜块放入果汁机中，加入熟豆浆搅打均匀，再倒入杯中，加入蜂蜜调匀即可。

功效

　　苦瓜性寒味苦、入心、肺、胃，具有清暑解渴、降血压、血脂、养颜美容、促进新陈代谢等功效。

○苦、甜 ⏱25分钟

苦瓜芦荟饮

原料

苦瓜250克

芦荟100克

调料

蜂蜜适量

矿泉水适量

做法

1. 将苦瓜洗净，取出，擦净水分擦净水分剖成两半，再去掉苦瓜瓤、苦瓜子，切成小块。

2. 把芦荟去根，削去外皮，放入沸水锅内焯烫一下，捞出用冷水过凉，沥净水分，再切成小块。

3. 将苦瓜块、芦荟块放入果汁机中，加入矿泉水搅拌成汁。

4. 取出，倒入杯内，加入蜂蜜调匀，即可饮用。

功效

　　苦瓜含丰富的维生素B₁、维生素C及矿物质，长期食用，能保持精力旺盛，对治愈青春痘有很大益处。

第二章　清爽蔬菜汁

录五果蔬汁

苦、酸、甜 ⏱15分钟

苦瓜水果汁

原料
苦瓜2条
苹果1个
柠檬汁15毫升

调料
蜂蜜1大匙
矿泉水300毫升

做法

1. 将苦瓜洗净，擦净水分剖成两半，再去掉苦瓜瓤、苦瓜子，切成小块。

2. 净锅置火上，加入清水烧沸，然后放入沸水锅中略焯，再捞出冲凉；苹果洗净，去掉外皮及果核，切成小块。

3. 将苦瓜块、苹果块放入果汁机中，先加入蜂蜜、柠檬汁和200毫升矿泉水打细，再倒入剩下的矿泉水打匀，倒入杯中即可饮用。

苦、甜 ⏱10分钟

苦瓜蜂蜜汁

原料

苦瓜250克

调料

蜂蜜3大匙

矿泉水适量

做法

1. 将苦瓜洗净，擦净水分剖成两半，去掉苦瓜瓤、苦瓜子，切成小块。

2. 净锅置火上，加入清水烧沸，放入苦瓜块略焯，捞出用冷水过凉，沥净水分。

3. 将苦瓜块放入果汁机中，加入矿泉水，用中速搅打均匀成汁。

4. 取出，倒入杯中，加入蜂蜜调匀，即可饮用。

第二章 清爽蔬菜汁

苦、甜 ⏱3小时

祛暑生津汤

原料

苦瓜1条
绿豆50克

调料

白糖适量

做法

1. 将苦瓜洗净，擦净水分剖成两半，再去除苦瓜瓢、苦瓜子，切成大块。

2. 绿豆淘洗干净，放入小盆内，加入适量的热水拌匀，浸泡1小时，取出。

3. 净锅置火上，加入适量清水，先放入绿豆煮沸，转中火熬煮90分钟。

4. 加入苦瓜块，继续煮20分钟，然后加入白糖续煮5分钟，滤入杯中即可饮用。

功效

　　绿豆还有排毒美肤，抗过敏的功能。比如容易口角长疮、溃烂，易长痘痘的人，应多吃绿豆。

红薯肉桂豆浆汁

原料

红薯200克

豆浆150毫升

肉桂粉少许

调料

白砂糖1大匙

做法

1. 将红薯用清水洗净，擦净水分，削去外皮，切成小块。

2. 再用保鲜膜包上红薯块，放入微波炉中加热3分钟，取出。

3. 把豆浆放入锅内，加热至沸腾，撇去浮沫，取出晾凉，倒入果汁机内。

4. 再将红薯、肉桂粉、白砂糖搅打均匀成汁，倒入杯中，即可饮用。

功效

红薯含有丰富的淀粉、维生素、纤维素等人体必需的营养成分，对防治老年习惯性便秘十分有效。

甜 ⏱20分钟

第二章 清爽蔬菜汁

卷心菜红薯汁

原料

红薯150克

卷心菜100克

调料

蜂蜜2大匙

矿泉水适量

做法

1. 将卷心菜去掉根，剥去外层老叶，取嫩卷心菜叶，洗净，撕成大片。

2. 红薯用清水洗净，擦净水分，先削去外皮，切成小块。

3. 再保鲜膜包上红薯块，放入微波炉中加热3分钟，取出。

4. 将红薯块、卷心菜叶片放入果汁机中，加入矿泉水、蜂蜜搅打均匀，倒入杯中即可。

功效

卷心菜主治睡眠不佳、多梦易睡、耳目不聪、关节屈伸不利、胃脘疼痛等病症。

◎甜 ⏱15分钟

红薯豆浆汁

原料

红薯250克
豆浆200克

调料

糖油50克
冰块适量

做法

1. 将红薯洗净，擦净水分，削去外皮，切成大块，放入蒸锅内蒸熟，取出晾凉；豆浆放入微波炉中加热至熟，取出。

2. 将红薯块、熟豆浆、糖油一同放入果汁机中，中速搅打均匀成汁，倒入杯中，加入冰块调匀即可。

◆甜 ⏱25分钟

洋葱红薯汁

原料

红薯150克
菜花50克
洋葱25克
熟豆浆150毫升

调料

豆蔻粉适量
盐少许

做法

1. 红薯洗净，去皮，切成小块，包上保鲜膜，放入微波炉中加热3分钟，取出；菜花洗净，掰成小朵，放入沸水锅中略煮，捞出沥干。

2. 将洋葱去皮，洗净，切成小粒，再包上保鲜膜，用微波炉加热1分钟，取出。

3. 将红薯块、洋葱粒、小朵菜花放入果汁机中，加入熟豆浆、豆蔻粉、盐搅打均匀成汁，倒入杯中，即可饮用。

功效

　　香芋营养丰富，食之有散积理气、解毒补脾、清热镇咳之药效。

甜 ⏱20分钟

香芋柳橙汁

原料

小芋头150克

橙子1个

柠檬汁15毫升

调料

蜂蜜2大匙

矿泉水适量

做法

1. 将小芋头洗净，削去外皮，再切成大小均匀的小块。

2. 橙子洗净，切成小瓣，去掉外皮及果核，去掉白色筋膜，取出橙子的果肉备用。

3. 将芋头块、橙子果肉、柠檬汁、蜂蜜放入果汁机中。

4. 再加入矿泉水，匀速搅打成汁，取出倒入杯中，即可饮用。

功效

　　木瓜的肉色鲜红，含有大量的胡萝卜素，胡萝卜素是一种天然的抗氧化剂，可有效对抗破坏的身体细胞，常吃木瓜还可以达到防癌的功效。

第二章 清爽蔬菜汁

甜 🕐 20分钟

芋头生菜芝麻汁

原料

芋头200克
生菜100克
白芝麻30克

调料

盐少许

做法

1. 将芋头削去外皮，用淡盐水浸泡，洗净捞出切成小块；白芝麻放入净锅内煸炒出香味，出锅晾凉。

2. 将生菜去根，取嫩生菜叶洗净，放入沸水锅内略焯，捞出沥干，撕成大片。

3. 将芋头块、生菜叶片放入果汁机中，加入白芝麻、盐搅打均匀成汁，倒入杯中，即可饮用。

甜 ⏱25分钟

红薯玉米汁

原料
红薯200克
罐装玉米粒100克

调料
鲜奶100克
糖油50克
冰块适量

做法

1. 将红薯洗净，削去外皮，切成大块，放入锅中蒸熟，取出晾凉；取出罐装玉米粒，用清水洗净，沥净水分。

2. 将熟红薯块、鲜奶、玉米粒、糖油一同放入果汁机中搅打成汁，取出倒入杯中，再加入冰块调匀，即可饮用。

第二章 清爽蔬菜汁

197

香芋豆奶

原料

芋头200克
大豆粉50克
牛奶150毫升

调料

白糖1大匙

做法

1. 将芋头用清水洗净,擦净水分,削去外皮,再切成小块。

2. 把大豆粉放在小碗内,上屉蒸5分钟,取出晾凉。

3. 将芋头块放入果汁机中,加入大豆粉,再倒入牛奶拌匀。

4. 用中速搅打均匀成汁,倒入杯中,加上白糖调匀,即可饮用。

排毒牛蒡汁

原料

牛蒡500克

调料

蜂蜜1大匙

矿泉水适量

做法

1. 将牛蒡切去两端，再用清水浸泡并且洗净，取出，擦净水分，削去外皮，切成大小均匀的块。

2. 把牛蒡块放在大碗内，上屉用大火蒸10分钟，取出牛蒡块，晾凉。

3. 将牛蒡块放入果汁机中，加入矿泉水搅打均匀成汁。

4. 取出，倒入杯中，加入蜂蜜调匀，即可饮用。

甜 ⏱20分钟

芦荟红酒汁

原料
芦荟100克
红酒2大匙

调料
蜂蜜1大匙
冰块适量
矿泉水适量

做法

1. 将芦荟洗净，去掉根，削去外皮，取出芦荟内部的白肉，切成大片。

2. 净锅置火上，放入清水烧沸，倒入芦荟片焯烫一下，捞出用冷水过凉，沥净。

3. 将芦荟片放入果汁机内，放入蜂蜜和矿泉水，用中速搅打均匀成汁，倒入杯中，加上红酒调匀，即可饮用。

●甜 ⏱20分钟

美容芦荟汁

原料

芦荟150克

调料

冰糖适量

做法

1. 将芦荟取叶，用清水洗净，取出削去外皮，取芦荟果肉，切成小条。

2. 把芦荟条放容器内，加入适量的清水拌匀，浸泡1小时，捞出沥净水分。

3. 净锅置火上，加入适量清水烧沸，先放入冰糖煮至溶化。

4. 再下入芦荟条，用小火煮约5分钟，然后滤入杯中，晾凉即可饮用。

◎甜 ⓒ90分钟

卷心菜排毒汁

原料

卷心菜150克

芦荟叶100克

苹果1个

菠萝1/6个（约200克）

调料

蜂蜜1大匙

矿泉水适量

做法

1. 将卷心菜去掉根，剥去外层老叶，取嫩菜叶，用清水洗净，撕成大片。

2. 苹果洗净，削去外皮，去掉果核，切成小块；菠萝洗净，挖去果眼切成小块；芦荟叶洗净，取芦荟果肉，切成片。

3. 将卷心菜叶片、苹果块、菠萝块、芦荟片放入果汁机中，加入矿泉水、蜂蜜搅打均匀即可。

酸、甜 ⏱20分钟

酸、甜 20分钟

卷心菜菠萝汁

原料

卷心菜250克

菠萝1/10个（约100克）

苹果1个

芦荟叶10克

调料

矿泉水适量

做法

1. 将芦荟洗净，去掉根，削去外皮，取出芦荟内部的白肉，切成大片。

2. 将卷心菜去掉根，剥去外层花叶，取嫩菜叶，用清水洗净，撕成小片；菠萝削去外皮，挖去果眼切成小块；苹果洗净，去掉外皮及果核，也切成块。

3. 将卷心菜叶片、菠萝块、苹果块、芦荟片放入果汁机中搅打成汁，倒入杯中，加入矿泉水调匀，即可饮用。

第二章 清爽蔬菜汁

甜 ⏱10分钟

录乙果蔬十●

卷心菜红糖汁

原料

卷心菜500克

调料

红糖适量

矿泉水适量

做法

1. 将卷心菜去掉根，剥去外层老叶，取嫩菜叶，用清水洗净，撕成大片。

2. 将卷心菜叶片放入果汁机中，加入矿泉水搅打均匀，倒入杯中，放入红糖调匀即可。

卷心菜木瓜汁

原料	做法
卷心菜150克 木瓜1/4个 红葡萄10粒 金橘1个	1. 将卷心菜去掉根，剥去外层花叶，取嫩菜叶，用清水洗净，撕成大片；木瓜去皮，去子，切成小块；金橘去皮，去子；红葡萄粒洗净，去子。
调料 矿泉水适量	2. 将卷心菜叶片、木瓜块、金橘、红葡萄粒放入果汁机，加入矿泉水搅匀成汁即可。

甜 ⏱15分钟

红酒洋葱卷心菜汁

原料

卷心菜250克

洋葱100克

红酒1大匙

调料

矿泉水适量

做法

1. 将卷心菜去掉根，剥去外层老叶，取嫩卷心菜叶，用清水洗净，撕成大片。

2. 洋葱去根，剥去外层老皮，用清水洗净，沥水，切成小块。

3. 将卷心菜叶片、洋葱块放入果汁机中，加入矿泉水搅打均匀成汁。

4. 取出，倒入杯中，加入红酒调匀，即可饮用。

蔬菜豆浆汁

原料

卷心菜200克
豌豆粒100克
煮熟的豆浆150毫升

调料

盐少许

做法

1. 将卷心菜去根，剥去外层老皮，取嫩菜叶，洗净，放入沸水锅中略焯一下，捞出沥干，撕成大片。

2. 豌豆粒用清水浸泡并洗净，剥去外膜，放入沸水锅内焯烫一下，捞出用冷水过凉。

3. 卷心菜叶片、豌豆粒放入果汁机中，加入煮熟的豆浆、盐搅打均匀成汁，倒入杯中即可。

甜 20分钟

卷心菜核桃豆浆汁

原料

卷心菜叶150克
核桃10个
熟豆浆150毫升

调料

黑蜜2大匙
白糖2大匙

做法

1. 将卷心菜去根，剥去外层老皮，取嫩菜叶，洗净，放入沸水锅中焯烫一下，捞出沥干，撕成大片。

2. 将核桃放入蒸锅内，大火蒸5分钟，取出砸开外壳，取出核桃仁，用温水浸泡片刻，剥去内膜，压成碎粒。

3. 将卷心菜叶片、核桃碎粒放入果汁机中，加入熟豆浆、黑蜜、白糖搅打均匀成汁，倒入杯中即可。

功效

核桃仁含有丰富的营养素，脂肪极少，对人体有益，可强健大脑。

🥄甜 ⏱25分钟

卷心菜豌豆洋葱汁

原料

卷心菜200克
豌豆仁50克
洋葱1/3个

调料

盐少许
矿泉水适量

做法

1. 卷心菜去根，剥去外层老皮，取嫩菜叶，洗净，放入沸水锅中焯烫一下，捞出沥干，手撕成大片。

2. 将豌豆仁洗净，放入沸水锅中略煮一下，捞出豌豆仁，沥净水分。

3. 洋葱去皮，切成小丁，包上保鲜膜，放入微波炉中加热2分钟，取出。

4. 将卷心菜叶片、豌豆仁、洋葱丁放入果汁机中，加入矿泉水、盐搅打均匀成汁，即可倒入杯中饮用。

甜 ⏱20分钟

香葱菠菜汁

原料
大葱150克
菠菜125克
草莓75克

调料
白砂糖1大匙
矿泉水适量

做法

1. 将大葱去根和老叶，择洗干净，切成碎粒，再包上保鲜膜，用微波炉加热30秒，取出。

2. 菠菜去根和老叶，洗净，放入沸水锅内焯烫一下，捞出过凉，切成小段。

3. 草莓去蒂，洗净，切成两半，放入果汁机内，先加入大葱粒和菠菜段。

4. 再加入矿泉水、白砂糖，中速搅打均匀成汁，倒入杯中，即可饮用。

甜 ⏱15分钟

甜 ⏱15分钟

香葱苹果醋

原料

大葱150克

苹果1个

苹果醋15毫升

调料

蜂蜜2小匙

矿泉水适量

做法

1. 将大葱去根和老叶，择洗干净，切成碎粒，再包上保鲜膜，放入微波炉中加热30秒，取出。

2. 苹果洗净，削去外皮，切成两半，去掉果核，再切成小块，放入榨汁机内中速榨取苹果汁。

3. 将大葱粒放入果汁机中，加入苹果汁、苹果醋、蜂蜜、矿泉水搅打均匀成汁，取出倒入杯中，即可饮用。

第二章 清爽蔬菜汁

甜、辣 ⏱20分钟

健胃葱姜汁

原料

大葱150克

调料

姜块25克
红糖2大匙
蜂蜜1大匙
矿泉水适量

做法

1. 将大葱去根和老叶，取大葱的葱白，洗净，切成小段；姜块去皮，洗净，切成大片。

2. 净锅置火上，加入矿泉水烧沸，下入葱白段、姜片，烧沸后转小火熬煮5分钟，关火，加上红糖、蜂蜜调匀。

3. 将煮好的葱姜汁过滤去掉杂质，倒入杯中，即可饮用。

金针菇菠菜汁

原料

菠菜200克

金针菇100克

大葱50克

调料

蜂蜜2大匙

矿泉水适量

做法

1. 将菠菜去掉根和老叶，用清水洗净，放入沸水锅中略煮一下，捞出，用冷水过凉，沥水，切成段。

2. 金针菇去根，洗净，放入沸水锅内焯煮一下，捞出，用冷水过凉，沥水。

3. 大葱去根和老叶，取大葱的葱白，洗净，切成小段，放在果汁机中。

4. 再加入菠菜段、金针菇、矿泉水搅打均匀成汁，取出倒入杯中，放入蜂蜜调匀，即可饮用。

◎苦 ⓧ15分钟

安神豆浆汁

原料

菠菜150克

黄麻叶10克

熟豆浆150毫升

调料

盐少许

冰块适量

做法

1. 将菠菜去根和老叶，用清水洗净，放入沸水锅中略煮一下，捞出用冷水过凉沥水，切成段。

2. 黄麻叶用淡盐水浸泡并洗净，捞出，放入沸水锅内焯烫一下，捞出过凉，切碎。

3. 将菠菜段、黄麻叶碎放入果汁机中，加入熟豆浆、盐搅打均匀成汁。

4. 取出倒入杯中，加上冰块调匀，即可饮用。

菠菜黄麻生菜汁

原料

菠菜150克
生菜100克
黄麻叶1/2束

调料

盐少许
矿泉水适量

做法

1. 黄麻叶用淡盐水浸泡并洗净，捞出，放入沸水锅内焯烫一下，捞出过凉，切碎。

2. 将菠菜去根和老叶，用清水洗净，放入沸水锅中略煮一下，捞出用冷水过凉，沥水切成段。

3. 生菜去根，取嫩生菜叶，洗净，撕成大片，放在果汁机内。

4. 再放入菠菜段、黄麻叶、矿泉水、盐搅打均匀成汁，倒入杯中即可饮用。

苦 ① 20分钟

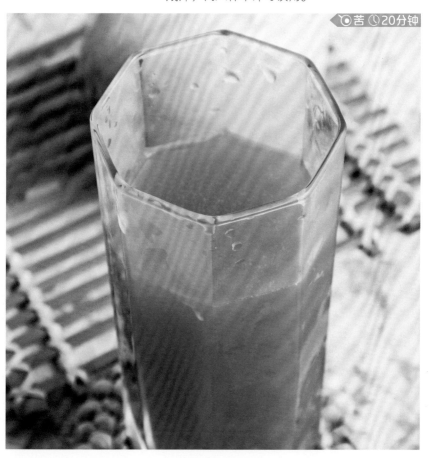

菠菜苹果胡萝卜汁

原料
菠菜150克
苹果1/2个
胡萝卜1/3根
调料
白砂糖1大匙
矿泉水适量

做法

1. 将菠菜去根和老叶，用清水洗净，放入沸水锅中略煮一下，捞出，用冷水过凉沥水切成段。

2. 将苹果洗净，削去外皮，切开成两半，去掉果核，切成大块；胡萝卜洗净，去根，削去外皮，擦成粗丝。

3. 将菠菜段、苹果块、胡萝卜丝放入果汁机中，加入矿泉水、白砂糖搅打均匀成汁，倒入杯中即可饮用。

甜 ①15分钟

菠菜竹笋汁

原料

菠菜150克
竹笋50克
柠檬汁50毫升

调料

蜂蜜1大匙
矿泉水适量

做法

1. 将菠菜去掉根和老叶，用清水洗净，放入沸水锅中略煮一下，捞出，用冷水过凉，沥水，切成段。

2. 将竹笋去根，削去外皮，放入沸水锅中煮10分钟至熟，捞出沥干，切成大块。

3. 将菠菜段、竹笋块放入果汁机中，加入矿泉水、柠檬汁、蜂蜜搅打均匀成汁，倒入杯中，即可饮用。

酸、甜 ⏱25分钟

第二章 清爽蔬菜汁

菠菜橘子汁

原料

菠菜150克
橘子1个
绿豆芽100克

调料

蜂蜜1大匙
矿泉水适量

做法

1. 菠菜去掉根和老叶，用清水洗净，捞出，放入沸水锅内略煮一下，捞出，用冷水过凉，沥水，切成小段。

2. 将橘子去皮及果核，剥成小瓣，再除去白膜；绿豆芽掐去两端，洗净沥水。

3. 将菠菜段、橘子瓣、绿豆芽放入果汁机中，加入矿泉水、蜂蜜，用中速搅打均匀成汁，倒入杯中即可饮用。

功效

菠菜中富含铁，铁是人体造血原料之一，含有一定数量的蛋白质，可帮助身体发育，让精力更旺盛。

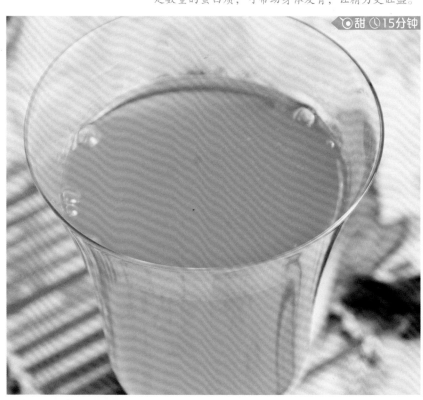

甜 ⏱15分钟

西芹生菜菠菜汁

原料

菠菜150克
西芹1/2棵
生菜50克

调料

蜂蜜3大匙
矿泉水适量

做法

1. 将菠菜去掉根和老叶，用清水洗净，捞出，放入沸水锅内略煮一下，捞出，用冷水过凉，沥水，切成段。

2. 西芹择洗干净，除去老筋，切成小块；生菜取嫩叶，洗净，撕成大片。

3. 将菠菜段、西芹块、生菜片放入果汁机中，加入矿泉水、蜂蜜搅打均匀成汁，即可倒入杯中。

功效

　　芹菜含铁量较高，能补充女性经血的损失，食之能避免皮肤苍白、干燥、面色无华，而且可使目光有神，头发黑亮。

第二章 清爽蔬菜汁

甜 ⏱15分钟

菠菜西芹豆浆汁

原料
菠菜150克
西芹1/2棵
熟豆浆200毫升

调料
盐少许

做法

1. 菠菜去掉根和老叶，用清水洗净，捞出，放入沸水锅内略煮一下，捞出，用冷水过凉，沥水，切成段。

2. 将西芹去根，择去老叶，用清水洗净，沥水，去除老筋，切成小块。

3. 将菠菜段、西芹块放入果汁机中，加入熟豆浆、盐搅打均匀成汁，倒入杯中即可饮用。

功效

　　芹菜含有利尿的成分，消除体内钠潴留，可以有消肿的功效。

菠菜雪梨汁

原料

菠菜150克

雪梨2个

调料

糖油50克

冰块适量

矿泉水适量

做法

1. 将菠菜去掉根和老叶，用清水洗净，捞出，放入沸水锅内略煮一下，捞出，用冷水过凉，沥水，切成段。

2. 将雪梨洗净，擦净水分，削去外皮，切开成两半，去掉果核，切成小块;

3. 将雪梨块、菠菜段放果汁机内，加入糖油、矿泉水搅打均匀成汁。

4. 取出，倒入杯中，加入冰块调匀，即可饮用。

生菜水果汁

原料	做法

原料
生菜200克
苹果1个
柠檬汁25毫升

调料
蜂蜜1大匙
矿泉水适量

做法

1. 将生菜去掉根，取嫩生菜叶，用淡盐水浸泡片刻并洗净，取出，撕成大片；苹果洗净，去外皮及果核，切成小块。

2. 将生菜叶片、苹果块放入果汁机中，加入矿泉水、柠檬汁搅打均匀成汁，倒入杯中，加入蜂蜜调匀即可。

西红柿芦笋汁

原料
西红柿3个
芦笋6根
青椒1个

调料
冰块适量
矿泉水适量

做法

1. 将西红柿去蒂，洗净，在表面剞上浅十字花刀，加入适量的热水稍烫一下，剥去外皮，切成小块。

2. 将青椒洗净，去蒂，去子，切成小片；芦笋洗净，去除老根，切成小段。

3. 将西红柿块、芦笋段、青椒片、矿泉水放入果汁机中。

4. 用中速搅打均匀成汁，再倒入杯中，加入冰块调匀即可。

甜、辣 ⏱10分钟

胡萝卜芦笋汁

原料

胡萝卜200克
芦笋100克

调料

蜂蜜1大匙
白糖2大匙
冰块适量
矿泉水适量

做法

1. 将芦笋洗净，擦净水分，去除老根，削去外皮，切成小段。

2. 胡萝卜洗净沥水，去掉根，削去外皮切成块。

3. 将芦笋段、胡萝卜块放入果汁机中，加入矿泉水、蜂蜜、白糖搅打均匀成汁。

4. 取出汁倒入杯中，加入冰块调匀，即可饮用。

甜 ⏱10分钟